BIBLIOTHÈQUE

BIOLOGIQUE INTERNATIONALE

PUBLIÉE SOUS LA DIRECTION

De M. J.-L. DE LANESSAN

Professeur agrégé d'histoire naturelle à la Faculté de médecine
de Paris

XIII

Coulommiers. — Typog. Paul BRODARD et Cie.

BIBLIOTHÈQUE BIOLOGIQUE INTERNATIONALE

COURS ÉLÉMENTAIRE

ET PRATIQUE

DE BIOLOGIE

PAR

T.-H. HUXLEY
Secrétaire de la Société royale
de Londres.

ET

H.-N. MARTIN
Agrégé de Christ's-College,
Cambridge.

TRADUIT SUR LA DERNIÈRE ÉDITION ANGLAISE

Par F. PRIEUR
Bibliothécaire des Facultés à Besançon.

PARIS

OCTAVE DOIN, ÉDITEUR

8, PLACE DE L'ODÉON, 8

1884

PRÉFACE DE L'AUTEUR

Très peu de temps après avoir commencé à enseigner, à l'École royale des mines d'Angleterre, l'Histoire Naturelle ou, comme on dit aujourd'hui, la Biologie, je suis arrivé à la conviction que l'étude des êtres vivants ne constitue en réalité qu'une science unique. Si on la divise en zoologie et botanique, c'est simplement pour plus de commodité; et un zoologiste qui ambitionne le nom de savant, ne doit pas plus ignorer les phénomènes fondamentaux de la vie végétale qu'un botaniste, désireux du même titre, les lois essentielles de l'existence des animaux.

De plus il était évident que, pour arriver à une connaissance nette et profonde de la zoologie et de la botanique, il fallait étudier aussi bien la morphologie que la physiologie, et ici, comme c'est d'ailleurs le cas pour toutes les autres sciences physiques, pas de connaissance nette et profonde, sans études pratiques dans le laboratoire.

Il y avait donc lieu, par conséquent, d'organiser un cours d'instruction pratique en biologie élémentaire, destiné à servir d'introduction à l'étude spéciale de la zoologie ou de la botanique. En ce qui me concernait, il ne pouvait être donné suite à ce projet, par suite du manque d'espace, car le bâtiment de Jermyn Street ne présente pas de local approprié à l'installation d'un laboratoire. Aussi fus-je obligé pendant plusieurs années de me contenter de m'approcher le plus possible de mon idéal, c'est-à-dire d'exposer de mon mieux les caractères d'un certain nombre de plantes et d'animaux choisis comme types d'organisation, en manière d'introduction à la zoologie systématique et à la paléontologie.

En 1870, mon ami le professeur Rolleston,

d'Oxford, publia ses « *Forms of animal life* ». Ce livre, exact et savant, me paraît bien correspondre aux magnifiques ressources du muséum de l'Université, et laisse, à mon avis, peu à désirer à l'étudiant d'Oxford qui veut se familiariser avec les principaux faits de la zoologie. Mais le professeur Rolleston ne destinait son livre qu'aux étudiants en zoologie, et naturellement d'ailleurs avait égard surtout aux ressources de son université. Ainsi la place était encore laissée libre à un manuel plus encyclopédique d'allures et s'adressant à des étudiants moins favorablement situés.

C'est en 1872 que, pour la première fois, il me fut donné de mettre à exécution mes idées sur ce sujet. C'était dans les excellents laboratoires construits exprès pour les études biologiques dans les nouveaux bâtiments de South Kensington. Dans la courte série de leçons données à ce sujet aux étudiants en science, j'ai eu le grand avantage d'être aidé par mes amis le docteur Foster F. R. S., le professeur Rutherford, F. R. S. et le professeur Lankester F. R. S.. On ne saurait vraiment trop apprécier le secours dont ils m'ont été dans l'organisation des travaux pratiques de laboratoire.

Depuis cette époque, l'enseignement biologique de l'École royale des mines a été transféré à South Kensington Museum, et j'ai pu modeler mon enseignement sur le même plan, en ce qu'il a d'essentiel.

Ce livre est destiné à servir de manuel de laboratoire à ceux qui veulent suivre un cours d'études analogues. On a choisi un certain nombre de plantes et d'animaux communs et faciles à se procurer, propres à servir d'exemples des modifications de structure les plus importantes qui se rencontrent dans les deux règnes. On donne de chacun d'eux une description succincte. Cette description est suivie d'instructions suffisamment détaillées pour que l'étudiant soit mis en état de se rendre compte par lui-même, s'il le désire, des principaux faits mentionnés dans la description de l'animal ou de la plante. Les termes usités en biologie sont représentés par des images claires et nettes des objets auxquels ils s'appliquent. On arrive ainsi à une conception large et cependant précise des phénomènes vitaux, et l'on possède ainsi une base solide sur laquelle on peut asseoir des études plus approfondies.

La plus grande partie du travail nécessité par ces instructions est le fait du Dr Martin. Je suis responsable du plan général de l'œuvre et de plusieurs descriptions de plantes et d'animaux; mais pour la partie botanique, je suis redevable de beaucoup d'idées importantes et d'excellentes remarques à l'amitié du professeur Thiselton Dyer.

T. H. H.

TABLE DES MATIÈRES

V

MOISISSURES

VI

CHARA

VII

FOUGÈRE

VIII

FÈVE

IX

VORTICELLE

X

HYDRE D'EAU DOUCE

XI

ANODONTE

XII

ECREVISSE ET HOMARD

XIII

GRENOUILLE

COURS ÉLÉMENTAIRE

ET PRATIQUE

DE BIOLOGIE

CHAPITRE PREMIER

LA LEVURE

Torula ou *Saccharomyces cerevisiæ.*

La LEVURE est une substance connue depuis longtemps déjà en raison de la propriété qu'elle possède de donner naissance à l'ensemble de phénomènes appelé *fermentation* dans les substances qui contiennent du sucre.

Filtrée sur un filtre grossier, elle apparaît à l'œil nu comme un liquide brunâtre, où l'on ne peut distinguer de particules solides. Si on ajoute un peu de ce liquide à une solution sucrée et qu'on fasse chauffer, bientôt le mélange commence à dégager des bulles de gaz et devient

1

trouble; sa saveur disparaît peu à peu, il acquiert une odeur spiritueuse et des qualités toxiques, et donne par distillation un liquide léger — *alcool* (ou esprit-de-vin) qui s'enflamme facilement.

En la desséchant avec précaution et à une faible température, on réduit la levûre à une masse pulvérulente, qui jouit longtemps encore de la propriété d'exciter la fermentation dans les liquides sucrés. Si on chauffe la levûre à la température de l'eau bouillante avant de l'ajouter au liquide sucré, la fermentation n'a pas lieu, et l'ébullition de ce même liquide arrête la fermentation commencée.

Une solution sucrée ne peut fermenter spontanément. Si elle entre en fermentation, on ne peut mettre en doute que la levûre y soit arrivée d'une façon ou d'une autre.

Si la levûre n'est pas directement ajoutée au liquide sucré, mais en est séparée par un filtre très fin, tel qu'une cloison de terre poreuse, ce liquide sucré n'entre pas en fermentation, bien que le filtre se laisse traverser par la partie fluide de la levûre, et lui permette d'arriver dans la solution sucrée.

En faisant bouillir le liquide sucré, de façon à détruire l'effet de toute la levûre qui pourrait s'y trouver, et en ne laissant arriver au contact de ce liquide que de l'air filtrant à travers un tampon de ouate, on ne produit pas de fermentation. Mais, exposé à l'air libre, le liquide fermentera presque à coup sûr tôt ou tard, et d'autant plus certainement qu'il se trouvera de la levûre quelque part dans le voisinage.

Ces expériences prouvent évidemment : 1° qu'il y a dans la levûre quelque chose qui provoque la fermentation ; 2° que les effets de cette substance peuvent être détruits par une température élevée ; 3° que cette substance consiste en particules susceptibles d'être séparées par un filtre très fin du liquide qui les tient en suspension ; 4° que ces particules peuvent se trouver disséminées dans l'air ; et enfin qu'elles se déposent comme sur un filtre, si on force l'air à traverser un tampon de ouate.

L'examen microscopique d'une goutte de levûre achève de démontrer l'existence des particules en question.

Examinée à la loupe, cette goutte ne paraît plus homogène comme à l'œil nu, mais offre le même aspect que si elle était parsemée d'une fine poussière. A un grossissement considérable (5 à 600 diamètres), on doit voir apparaître nettement la forme et la structure de ces granulations. A ce grossissement, chaque grain (on les appelle *Torulas*) apparaît comme un corpuscule rond ou ovale, transparent, ayant en moyenne 1/120 de millimètre de diamètre.

Les *Torulas* sont libres ou bien associées en amas, en chapelets. Chacune consiste en un sac ou vésicule à paroi mince, contenant une matière demi-fluide, au milieu de laquelle se trouve souvent un espace rempli d'un liquide plus limpide et plus aqueux que le reste du contenu ; — cet espace est appelé *vacuole*. Quoique relativement tenace, ce sac peut cependant aisément se rompre, en donnant issue à son contenu, qui de lui-même diffuse avec facilité dans le liquide environnant. L'ensemble de cette structure s'appelle une cellule, le sac est la membrane cellulaire et le contenu le protoplasma.

Desséchée et brûlée à l'air, la levûre donne naissance à la même odeur que celle produite par la combustion des matières animales, et laisse comme résidu une certaine quantité de cendres minérales. Par l'analyse chimique élémentaire, on trouve la levûre composée de carbone, d'hydrogène, d'oxygène, d'azote, de soufre, de phosphore, de potassium, de magnésium et de calcium. Ces quatre derniers corps n'y existent qu'en très faibles quantités.

Ces éléments sont combinés de différentes manières, de façon à former les principes immédiats constituants de la *Torula* qui sont : 1° un composé protéique analogue à la caséine, 2° de la cellulose, 3° de la graisse, et 4° de l'eau. La membrane cellulaire contient toute la cellulose avec une faible proportion de matières minérales. Le protoplasma contient le composé protéique et la graisse avec une plus grande proportion de sels minéraux.

Ces *Torulas* sont les particules de la levûre qui ont la propriété de provoquer la fermentation dans le sucre; ce sont elles qui se séparent par filtration du reste de la levûre quand celle-ci perd ses propriétés en traversant une cloison de terre poreuse; ce sont elles qui forment la fine poussière à laquelle la levûre est réduite par dessiccation et qui, en raison de leur extrème petitesse, se diffusent facilement dans l'air sous forme de poussière invisible.

La preuve que les *Torulas* sont des corps vivants est dans la façon dont elles s'accroissent et se multiplient. Si on ajoute une petite quantité de levûre à une grande quantité de liquide sucré limpide, de façon à troubler à peine sa transparence, et qu'on mette le tout dans un endroit chaud, la solution deviendra peu à peu de plus en plus trouble. Au bout d'un certain temps, on y ramassera une écume de levûre, qui peut être plusieurs milliers ou millions de fois plus consi-

dérable que la quantité de levûre introduite à
l'origine. Si on examine des *Torulas* au moment
où ces phénomènes de multiplication sont en train
de se produire, on les verra donner naissance à
de petits bourgeons qui s'accroissent avec rapidité,
arrivent à la grandeur de la *Torula* mère, et parfois alors s'en détachent, non sans avoir néanmoins dans la majorité des cas développé déjà
d'autres bourgeons, et ceux-ci d'autres encore.
Les *Torulas* ainsi nées l'une de l'autre par gemmation peuvent rester longtemps unies, et. c'est
ainsi que se produisent les amas ou chapelets
qui se rencontrent ordinairement dans la levûre,
comme nous l'avons dit plus haut. Les *Torulas*
n'apparaissent que comme filles d'autres *Torulas*,
mais, dans certains cas, leur mode de multiplication est différent. La *Torula* ne produit plus de
bourgeons, mais son protoplasma se divise habituellement en quatre masses, appelées *ascospores*,
dont chacune s'entoure elle-même d'une membrane cellulaire, et le tout devient libre par dissolution de la membrane de la cellule mère. C'est la
multiplication par *division endogène*.

Comme chacune des innombrables *Torulas* que
peut engendrer ainsi une seule *Torula*, possède la
même composition que son ancêtre primitif, il
s'ensuit qu'une quantité de protéine, de cellulose

et de graisse proportionnelle au nombre de *Torulas* ainsi engendrées, doit s'être formée au cours
de cette opération. Ces produits ont donc été
fabriqués par les *Torulas* aux dépens des substances contenues dans le liquide où elles flottent,
et qui constituent leur aliment.

Pour le prouver, il est nécessaire que ce liquide
ait une composition nettement définie. Plusieurs
liquides répondent à ce but, mais un des plus
simples (solution de Pasteur) est le suivant :

Eau............................. (H_2O)
Sucre.......................... $(C_{12}H_{22}O_{11})$
Tartrate d'ammonium............. $(C_4H_4(AzH_4)_2O_6)$
Phosphate de potassium........... (KH_2PO_4)
Phosphate de calcium............. $(Ca_3P_2O_8)$
Sulfate de magnésium............. $(MgSO_4)$

Dans ce liquide les *Torulas* vont s'accroître et
se multiplier. Il faut cependant observer que ce
liquide ne contient ni protéine, ni cellulose, ni
graisse, quoiqu'il contienne les éléments de ces
corps combinés d'une façon différente. Il s'ensuit
que la *Torula* doit absorber les diverses substances
contenues dans la solution, et modifier l'arrangement de leurs éléments pour en construire les mo-
lécules compliquées de son propre corps. C'est là
une propriété spéciale aux êtres vivants.

Puisque la *Torula* est vivante, reste à savoir
si ç'est un animal ou une plante. On ne peut .

tracer aucune ligne de démarcation entre les formes très inférieures de la vie animale et végétale, mais la *Torula* ne peut être qu'une plante, pour deux raisons. En premier lieu, son protoplasma est investi d'un rempart continu de cellulose, et c'est là un caractère distinctif de la cellule végétale. Ensuite il possède la propriété de fabriquer de la protéine au moyen de composés tels que le tartrate d'ammonium, et cette propriété de fabriquer de la protéine est distinctive des végétaux et leur est spéciale. La *Torula* est donc une plante, mais elle ne contient ni amidon ni chlorophylle, elle absorbe de l'oxygène et dégage de l'acide carbonique, différant ainsi beaucoup des plantes vertes. D'autre part on doit à cet égard la classer dans le grand groupe des *Champignons*. Comme la plupart de ces derniers, elle vit dans une complète indépendance à l'égard de la lumière, et à ce point de vue encore diffère des plantes vertes.

La *Torula* est-elle alliée à quelque autre forme de champignons? cette question doit pour le moment rester sans réponse. Il suffit de mentionner ce fait : dans certaines circonstances, il est des champignons (du genre *Mucor*) qui donnent naissance à une forme de *Torula* différente de la levûre commune.

La fermentation du sucre est en quelque sorte

liée à la vie de la *Torula;* elle est arrêtée par toutes les conditions qui détruisent la vie de la *Torula* et en empêchent la croissance et la reproduction. La plus grande partie du sucre se résout en *anhydride carbonique* et en *alcool,* dont les éléments pris ensemble ont un poids égal à ceux du sucre. Il se forme une petite quantité de glycérine et d'acide succinique, et une ou deux parties sur cent, dont on n'a pas tenu compte jusqu'à présent, mais qui sont probablement assimilées par la *Torula.*

Il est des plus probables que la *Torula* s'accroîtra et se multipliera très activement dans une solution où le sucre et le nitrate d'ammonium remplaceront le tartrate d'ammonium de la précédente solution. Dans ce cas, le carbone de la protéine, de la cellulose et de la graisse qu'elle fabriquera sera emprunté au sucre. De plus, quoique l'oxygène soit essentiel à la vie de la *Torula*, elle peut vivre dans des solutions sucrées qui ne contiennent pas d'oxygène libre, et paraît, en pareil cas, tirer son origine du sucre.

On s'est de plus assuré que les *Torulas* prospèrent d'une façon remarquable dans les solutions où le sucre et la pepsine remplacent le tartrate d'ammonium. L'azote de ses composés protéiques doit alors venir de la pepsine; et l'on voit que ce mode de nutrition se rapproche de celui des animaux.

1.

MANIPULATION

Semez un peu de levûre de bière fraîche dans la solution sucrée de Pasteur [1], et placez le tout dans un endroit chaud. Quand on voit le mélange devenir trouble et que la levûre s'est accrue d'une façon manifeste, on peut procéder à l'examen suivant.

A. MORPHOLOGIE.

1. Etalez un peu de ce mélange dans une goutte de liquide sur une lame de verre, et observez avec un faible grossissement (*Nachet, objectif n° 1*) sans lamelle. Notez la grandeur variable des cellules et leur union en groupes.

2. Recouvrez d'une lamelle un spécimen analogue et examinez-le à un fort grossissement (*Nachet, objectif n° 5, oculaire n° 2 ou 3*).

1. Liquide de Pasteur :

Phosphate de potassium...............	2	parties.
Phosphate de calcium.................	2	»
Sulfate de magnésium................	2	»
Tartrate d'ammonium................	100	»
Sucre de canne	1 500	»
Eau distillée......................	8 576	»
	10 182	parties.

Dans les cas où la solution de Pasteur dite « la solution sans sucre » est indiquée, on omet simplement le sucre. Actuellement Pasteur lui-même se sert de cendre de levûre ; les ingrédients mentionnés ci-dessus donnent une cendre artificielle, qui, avec le sel d'ammonium et le sucre, répond à tous les besoins de la pratique.

a. Notez la grandeur (mesurez) la forme, la surface, et le mode d'union des cellules.

b. Leur structure : membrane, protoplasma, vacuole.

α. *Membrane;* homogène, transparente.

β. Protoplasma; moins transparent, souvent parsemé de points brillants.

γ. Vacuole; parfois absente; grandeur et position.

δ. Les proportions relatives de la membrane du protoplasma, de la vacuole dans les diverses cellules.

Dessinez soigneusement quelques cellules à l'échelle.

3. Faites pénétrer la solution d'aniline sous la lamelle (Cela se fait avec facilité en mettant une goutte de solution d'aniline en contact avec un des bords de la lamelle et un petit morceau de papier buvard au bord opposé).

a. Notez les cellules qui se colorent le plus vite et le plus vivement, et la partie de la cellule qui se colore ainsi; la membrane n'est pas affectée; le protoplasma est coloré, la vacuole ne l'est pas. Souvent cependant elle semble teintée, ne s'apercevant qu'à travers une couche de protoplasma coloré.

4. Faites éclater les cellules imprégnées de la façon suivante : placez sous la lamelle un petit

anneau de papier buvard, et pressez légèrement avec le manche d'une aiguille montée. Notez la membrane transparente, déchirée, vide et incolore, mais solide et non écrasée; le protoplasma mou, écrasé, coloré.

5. Répétez l'observation 3 en employant à la place de la solution d'aniline la solution d'iode. Le protoplasma se teint en brun; le reste de la cellule demeure incolore. Notez l'absence de toute coloration bleue, *ce qui indique qu'il n'y a pas d'amidon.*

6. Traitez un autre spécimen avec la solution de potasse, que vous introduirez sous la lamelle comme précédemment. Ce réactif dissout le protoplasma sans altérer la membrane.

7. [Prenez une chambre humide, semez-y quelques cellules de levûre dans une goutte de solution de Pasteur, et soumettez-les de jour en jour à l'observation. Surveillez leur accroissement et leur multiplication.]

[8. Division endogène : prenez un peu de levûre allemande sèche ; mettez en un peu en suspension dans l'eau et secouez pour la laver. Laissez le mélange reposer une demi-heure ; décantez le liquide superficiel, et, avec un pinceau en poil de chameau, semez un peu du sédiment crémeux sur une tranche mince de pomme de terre fraîchement coupée, ou sur une plaque de plâtre de Paris, et mettez sous cloche le tout placé sur un morceau de papier buvard humide. Examinez de jour en jour avec un très fort grossissement (800 diamètres), pour voir les ascospores, que vous trouverez probablement vers le huitième ou neuvième jour.]

B. Physiologie.

(Conditions et résultats de l'activité vitale de la *Torula*).

1. Semez une goutte de levùre, dans :

a. eau distillée,

b. solution sucrée à 10 p. 100,

c. liquide de Pasteur sans sucre,

d. liquide sucré de Pasteur,

e. solution pepsinée de Mayer [1].

Portez le tout à la température de 35° C. environ et comparez l'accroissement de la levùre dans les divers cas, en la mesurant, chaque fois, à l'apparence plus ou moins trouble du liquide. *a* ne s'accroît presque pas, *b* plus, *c* plus encore, *d* bien, *e* le mieux de tous. Notez que des bulles de gaz se sont développées en abondance du fond des solutions qui contiennent du sucre.

S'il se produit quelque accroissement dans le cas des expériences *a* et *b*, ce fait est dû à ce que

1. Solution pepsinée de Mayer. — Elle est formée de :

Solution de sucre candi à 15 0/0........ 20 centim. cubes
Phosphate monobasique de soude......   1 décigramme .
Phosphate de chaux...................   1 décigramme.
Sulfate de magnésie..................   1 décigramme .
Pepsine .... 23 centigr.

la goutte de levûre ajoutée aux solutions contient des matériaux nutritifs en quantité suffisante pour subvenir à cette augmentation d'accroissement.

2. Préparez deux autres échantillons de *d* et, toutes choses égales d'ailleurs, exposez l'un au froid, l'autre à la chaleur (à 35° C.). Comparez la croissance de la levûre dans les deux cas, elle doit être plus rapide dans l'échantillon chauffé.

3. Préparez encore deux autres échantillons de *d*, faites-les chauffer tous deux, mais placez l'un dans l'obscurité, exposez l'autre à la lumière. Celui qui se trouve dans l'obscurité s'accroît aussi vite que l'autre, la lumière solaire n'est donc pas essentielle à la croissance de la *Torula*.

4. Semez quelques cellules de levûre dans un flacon renfermant du liquide de Pasteur, et bouchez le flacon par un tampon de ouate, faites bouillir le tout cinq minutes, et mettez le flacon de côté. La levûre qui s'y trouve contenue ne donnera plus signe de vie. On l'a tuée en l'exposant à cette température.

5. [Prenez deux tubes à essai ; dans l'un mettez un peu de levûre avec de la solution sucrée de Pasteur, dans l'autre mettez de l'eau de baryte, et faites alors communiquer les deux éprouvettes de la façon suivante :

Les bouchons ajustés à frottement dur sont percés pour livrer passage à un tube recourbé qui part d'un point situé au-dessus de la surface du liquide dans la première éprou-

vette, et aboutit au fond de l'eau de baryte dans le second ;
faites passer un tube recourbé étroit, ouvert aux deux
bouts, à travers le bouchon de l'éprouvette à l'eau de baryte,
de telle sorte que le bout extérieur de ce tube plonge à
peine au-dessous de la surface d'une solution de potasse [1].
Maintenant, tout le gaz qui se forme dans la première éprouvette passe à travers l'eau de baryte dans la seconde, et de
là, tout ce qui n'est pas absorbé, rejoint l'air extérieur en
traversant la potasse. Il se forme un abondant précipité de
carbonate barytique, que l'on peut recueillir et peser. Le
liquide qui fermente dégage donc de l'acide carbonique.]

6. [Cultivez un peu de levûre sur la solution sucrée de
Pasteur, dans un vase presque entièrement clos (tel qu'un
flacon à travers le bouchon duquel passe un long tube
étroit, ouvert aux deux extrémités). Quand le dégagement
de gaz semble terminé, distillez le liquide au bain-marie,
condensez et recueillez le premier cinquième de ce qui
passe ; redistillez après saturation par le carbonate de potasse, vous reconnaîtrez le produit de la distillation pour de
l'alcool à son odeur et son inflammabilité, ainsi qu'en l'es-
sayant par l'acide sulfurique et le bichromate de potasse.]

7. [Détermination de la quantité de chaleur dégagée par
un liquide au sein duquel s'opère une active fermentation
alcoolique. Mettez 200 cent. cubes de levûre fraîche dans un
flacon et ajoutez-y un litre du liquide sucré de Pasteur :
mettez encore un litre du même liquide seul dans un flacon
semblable ; couvrez chaque flacon d'une cloche et placez
les deux côte à côte dans un endroit situé à l'abri des courants d'air. Lorsque le gaz commence à se dégager en
abondance de l'échantillon où se trouve la levûre, prenez
la température du liquide dans chaque flacon avec un bon
thermomètre. La température du flacon où la fermentation
a pris naissance sera la plus élevée.]

1. La potasse sert à préserver l'eau de baryte de tout l'acide
carbonique qui pourrait se trouver dans l'atmosphère.

CHAPITRE II

Protococcus pluvialis.

En ramassant le limon accumulé dans les gout-
tières des toits, dans les flaques d'eau et dans les
mares. peu profondes, on y trouvera, entre autres
organismes nombreux, des échantillons de *Protococcus ;* dans une des deux conditions sous lesquelles il se présente, le *Protococcus* est un corps
sphéroïdal, ayant de 1/7 à 1/400 de millimètre en
diamètre, composé ainsi que la *Torula* d'une membrane anhiste, tenace et transparente, renfermant
un protoplasma visqueux et granuleux. Le principal corps solide constitutif de la membrane est
la cellulose. Le protoplasma contient une substance
azotée, sans doute de nature protéique, quoique
la composition n'en ait pas été déterminée exactement; on y trouve aussi parfois des traces de matière amylacée. On y constate la présence d'un

pigment rouge ou vert (*Chlorophylle*) diffusé dans le protoplasma, ou bien rassemblé en granules. Individuéllement, chaque Protococcus peut être rouge ou vert, ou mi-parti vert et rouge; ou bien encore les colorations verte et rouge peuvent coexister en toute autre proportion.

Outre les cellules séparées, il s'en trouve d'autres, divisées en deux portions ou davantage par une partition qui intéresse également la membrane cellulosique; les cellules ainsi produites par scission se séparent et grandissent jusqu'à ce qu'elles atteignent la taille de l'élément qui leur a donné naissance. De cette manière le *Protococcus* se multiplie avec une très grande rapidité. Le mode de multiplication par gemmation observé chez la *Torula* se rencontre peut-être, mais à coup sûr, il se rencontre rarement.

L'influence de la lumière solaire est une condition essentielle à la croissance et à la multiplication du *Protococcus :* sous son influence, il décompose l'acide carbonique, s'assimile le carbone et met en liberté l'oxygène. Cette propriété d'extraire le carbone de l'acide carbonique est le caractère distinctif le plus important du *Protococcus* comme de toutes les plantes à chlorophylle, d'avec la *Torula* et les autres *Champignons*.

Comme le *Protococcus* se développe dans l'eau de

pluie, et que l'eau de pluie ne contient que de l'acide carbonique et les autres principes constituants de l'atmosphère qu'elle traverse en tombant, des sels ammoniacaux (ordinairement le nitrate d'ammonium) également empruntés à l'atmosphère, et des quantités minimes de sels terreux qu'elle entraîne sous forme de poussières, il s'ensuit que cette plante doit pouvoir fabriquer de la protéine par le remaniement des éléments qui lui sont fournis par ces composés. La *Torula*, d'autre part, est impuissante à fabriquer de la matière protéique à l'aide de semblables matériaux.

Une autre différence entre la *Torula* et le *Protococcus* n'est qu'apparente : la *Torula* absorbe de l'oxygène et dégage de l'acide carbonique, tandis que le *Protococcus*, au contraire, absorbe de l'acide carbonique et dégage de l'oxygène. Mais cela n'est vrai qu'autant que le *Protococcus* est exposé à la lumière solaire. Dans l'obscurité, semblable à tous les autres êtres vivants, il subit l'oxydation et donne de l'acide carbonique. Par suite, il est à croire que le même processus d'oxydation et de dégagement d'acide carbonique se produit à la lumière, mais que la perte d'oxygène est plus que compensée par la quantité de ce gaz mise en liberté par la fixation du carbone, opération qui est en quelque sorte liée à la présence de la chlorophylle.

Le *Protococcus* n'existe pas que sous la forme immobile que nous venons de décrire. Dans certains cas ce *Protococcus* se meut avec activité. Le protoplasma se sépare en se contractant de la membrane cellulaire, sauf en deux points où il se prolonge à travers cette membrane sous la forme de longs filaments ou cils vibratiles. En fouettant l'eau avec ces cils, la cellule se meut en tournant sur elle-même. Le mouvement des cils est si rapide et leur substance si transparente et si délicate qu'on ne peut les apercevoir qu'au moment où ils commencent à se mouvoir doucement, ou qu'en les traitant par des réactifs colorants, tels que l'iode.

Assez fréquemment, il arrive que la membrane cellulaire disparaisse et que le protoplasma de la cellule mis à nu nage çà et là en liberté ; dans cet état, il peut se segmenter et se multiplier. Tôt ou tard, la forme mobile du *Protococcus* rétracte ses cils, et, s'entourant d'une nouvelle membrane de cellulose, retourne à l'état immobile.

Pour des raisons analogues à celles qui démontrent la nature végétale de la *Torula*, le *Protococcus* est une plante. Dans sa forme mobile, il ressemble cependant d'une façon curieuse aux Monades, entre autres formes animales inférieures. Mais on sait maintenant que nombre de plantes inférieures, surtout du groupe des *Algues* dont fait partie le *Protococcus*, donnent en certains cas naissance à des corpuscules mobiles, propulsés par des cils, et analogues à la forme mobile du *Protococcus*, de sorte que ce dernier cas ne présente rien d'anormal.

Comme la levùre, le *Protococcus* garde encore ses propriétés vitales après dessiccation. On a pu, après en avoir desséché, les conserver jusqu'à deux années, et au bout de ce temps, ils ont, après avoir été mis dans l'eau, complètement recouvré leur activité. La façon dont le *Protococcus* est si largement distribué sur le toit des maisons et partout ailleurs, s'explique ainsi aisément grâce au transport des *Protococcus* par les vents.

MANIPULATION.

A. Morphologie.

a. Protococcus fixé ou stationnaire.

1. Etalez sur le porte-objet un peu de limon pris dans une gouttière ou tout autre lieu analogue, recouvrez-le d'une lamelle.

Cherchez à un faible grossissement les cellules vertes ou rouges du *Protococcus*. Les ayant trouvées, prenez un fort grossissement et observez les points suivants :

Grandeur (mesurer) : très variable.

Forme : plus ou moins sphéroïdale, avec des variations individuelles.

Structure : membrane, — protoplasma, — quelquefois une vacuole, — parfois un noyau distinct. (Comparez avec la *Torula* I. A. 2. *b*.)

Couleur : généralement verte, — parfois rouge, — parfois mi-parti rouge et verte, — parfois le centre est rouge et la périphérie verte, — la matière colorante se trouve dans le protoplasma seulement, — le plus souvent à l'état diffus, — mais quelquefois aussi en granules distincts, ou en gouttelettes d'aspect huileux.

2. Notez spécialement les formes cellulaires suivantes :

a. La forme primitive ou normale.

Cellules rondes, avec une membrane de cellulose et un contenu granuleux non segmenté. Dessinez-en quelques-unes avec soin à l'échelle. Appliquez les méthodes d'analyse mécanique et chimique données en détail à l'article *Torula :* (I. A. 3. 4. 5. 6). Remarquez que, dans quelques cellules, l'iode produit une coloration bleue par son action sur la matière rouge qui s'y trouve. Traitez un échantillon par la solution d'iode et ensuite par l'acide sulfurique (à 75 p. c.) : la membrane se teindra en bleu.

b. Cellules se multipliant par scission :

α. *Scission simple.* La cellule s'allonge et le protoplasma se divise en deux par un sillon perpendiculaire à son grand axe; alors une cloison se forme qui subdivise la membrane; ou bien les deux cellules filles ainsi formées se séparent d'abord, chacune s'arrondit et devient une cellule indépendante; ou bien soit une seule, soit toutes les deux se divisent d'une façon analogue, avant de se séparer, et il se forme ainsi trois ou quatre nouvelles cellules.

ε. *Cellules qui se multiplient par bourgeonnement comme la Torula ;* rare.

b. Etat mobile.

a. Montez une goutte d'eau contenant des *Protococcus* mobiles, et examinez à un fort grossissement. Remarquez de petits corps verts, qui se meuvent activement, et dont vous pouvez distinguer deux variétés.

α. Cellules semblables pour la taille aux cellules immobiles, et, selon toute apparence, formées directement par elles. Chacune possède une membrane incolore et anhiste autour d'un protoplasma coloré, mais ce dernier s'est rétracté et s'est presque partout séparé de la membrane.

Notez, dans les divers échantillons, les deux cils

produits par le protoplasma à travers les ouvertures de la membrane; leur portion immobile à
l'intérieur de la membrane; leur portion vibratile
à l'extérieur. La couche externe incolore du protoplasma se rassemble pour former un petit amas
à l'extrémité d'où naissent les cils; les délicats
prolongements incolores qui rayonnent de la couche externe du protoplasma vers la face interne
de la membrane. La couleur est ordinairement
verte, mais on aperçoit souvent une tache rouge
brillante.

6. Cellules qui ressembleraient beaucoup aux
précédentes, si celles-ci avaient perdu leur membrane, et si les filaments protoplasmiques qui
s'y rendent en rayonnant s'étaient rétractés.

b. Essayez de trouver des échantillons dont le
mouvement se ralentit, pour voir le mouvement
des cils.

c. Colorez avec l'iode; les cellules sont tuées et
leurs mouvements s'arrêtent, ce qui fait souvent
très nettement apparaître les cils.

[B. Physiologie.

Prenez une certaine quantité d'eau, devenue tout à fait
verte, grâce à la grande quantité de *Protococcus* qu'elle
renferme ; introduisez de cette eau dans deux éprouvettes renversées sur le mercure, et faites passer dans
chaque éprouvette une petite quantité d'acide carbonique.

Mettez une des deux éprouvettes dans l'obscurité et exposez l'autre aux rayons solaires pendant quelques heures. Mesurez alors le gaz contenu dans chaque éprouvette, et introduisez dans toutes deux un fragment de potasse caustique. Le gaz de l'éprouvette placée dans l'obscurité sera plus ou moins complètement absorbé (c'est de l'acide carbonique); le gaz de l'autre éprouvette ne sera pas absorbé par la potasse seule, mais le sera si on introduit alors quelques gouttes d'une solution d'acide pyrogallique (c'est de l'oxygène). Sous l'influence des rayons solaires, le *Protococcus* absorbe donc de l'acide carbonique et dégage de l'oxygène. On peut faire une expérience comparative au moyen d'une troisième éprouvette qui contient de l'eau sans *Protococcus*.]

CHAPITRE III

L'AMIBE

Les globules blancs du sang.

Les *Amibes* sont de petits organismes d'une taille très variable. On les trouve dans les eaux stagnantes, dans la vase et aussi dans la terre humide. On les obtient fréquemment en faisant infuser dans l'eau quelque matière animale, et en faisant évaporer l'infusion sous l'action directe des rayons solaires.

Une *Amibe* offre l'apparence d'une particule de gelée, souvent plus ou moins granuleuse, fluide dans sa partie centrale, et qui devient ordinairement claire et transparente, en même temps que plus consistante, à la périphérie. On trouve parfois des *Amibes* qui affectent une forme sphérique, sont enkystées dans une membrane sans structure, et qui sous cette forme ne présentent pas de mouvements. Plus communément, elles présentent des changements de forme incessants, fréquents et rapides, d'où le nom d'*animal protée* qui leur a été donné par les anciens observateurs. Ces changements de forme sont accompagnés d'un changement de position, car l'*Amibe* se déplace en rampant avec une activité considérable, quoiqu'elle ne suive pas toujours la même direction.

Ces changements de forme et ces mouvements s'effectuent au moyen de prolongements lobés de la partie périphérique du corps, appelés *pseudopodes*, qui se produisent tantôt dans une région du corps, tantôt dans une autre. Il arrive qu'une région particulière du corps est constamment dépourvue de pseudopodes et se trouve par conséquent tout à fait en arrière quand l'*Amibe* se déplace. Il est évident qu'en premier lieu, chaque pseudopode est formé par l'extension de la substance claire plus dense (ectosarc), exclusivement; mais au fur et à mesure qu'elle devient plus considérable, la subtance centrale, granuleuse et plus fluide, coule à l'intérieur de cette expansion, et souvent s'y précipite subitement.

Chez quelques *Amibes*, un espace clair apparaît de temps à autre dans une région particulière de l'ectosarc, et disparaît par l'accolement brusque de ses parois. Un instant après, un petit point clair apparaît au même endroit et s'agrandit insensiblement jusqu'à ce qu'il atteigne son plein développement; alors il disparaît brusquement comme tout à l'heure. Il arrive parfois que deux ou trois de ces petits points clairs naissent ensemble à côté l'un de l'autre, de manière à former une seule grande cavité. La structure ainsi décrite s'appelle une vésicule contractile ou vacuole. Elles se dilatent et se contractent alternativement d'une façon rythmique avec une grande régularité. On ne connaît rien de certain relativement à leurs fonctions; on ignore si elles communiquent ou non avec l'extérieur, et de la sorte aspirent l'eau dans le corps de l'*Amibe* pour la rejeter ensuite, quoiqu'on ait quelque raison de croire qu'il en est ainsi.

Très souvent une partie du corps de l'*Amibe* présente un corps rond ou ovale, appelé *noyau*. Cette structure offre parfois un caractère nettement vésiculaire, et renferme un corpuscule arrondi qu'on appelle le *nucléole*.

Le corps gélatineux de l'*Amibe* n'est entouré par rien qui puisse, à proprement parler, s'appeler une membrane; mais on voit que sa couche externe ou limitante est d'une constitution qui diffère en quelque sorte du reste. Ainsi elle paraît plus distincte sous l'action de certains réactifs, tels que l'acide acétique, ou lorsque l'animal est tué par l'élévation de la température à 45° C. Au point de vue physique, on peut comparer l'ectosarc à la paroi d'une bulle de savon, laquelle, bien que fluide, possède une certaine viscosité, qui non seulement permet à ses particules de se maintenir ensemble et de former une nappe continue, mais de plus laisse un corps étranger passer à l'intérieur en la traversant sans la crever ; car les parois se referment et recouvrent leur continuité aussitôt que le corps étranger est passé.

Cette propriété de l'ectosarc de l'*Amibe* nous met à même de comprendre comment ces animaux prennent et rejettent les matières solides, tout en n'ayant ni bouche, ni anus, ni canal alimentaire. Les particules solides passent à travers l'ectosarc qui se referme immédiatement et anéantit l'ouverture formée par leur passage. De cette façon, les *Amibes* absorbent les petits organismes, ordinairement végétaux, qui leur servent d'aliment, et donnent ensuite issue aux particules solides non digérées.

On ne s'est pas parfaitement rendu compte de la composition chimique du corps de l'*Amibe*, mais il est indubitable qu'elle est, d'une façon générale, constituée par de l'eau combinée à un composé protéique et est semblable aux autres formes de protoplasma. Toutes absorbent de l'oxygène et rejettent de l'acide carbonique; la présence de l'oxygène libre est nécessaire à leur existence. Si la température du milieu où elles vivent s'abaisse jusqu'à zéro, leurs mouvements s'arrêtent, mais ils reprennent lorsque la température s'élève de nouveau. A la température d'environ 35° C. les mouvements du protoplasma s'arrêtent, il passe à l'état d'engourdissement sous l'influence de la chaleur, mais ses mouvements reprennent si cette température n'a pas été maintenue trop longtemps. Il est tué par une température de 40° C. à 45° C.

Les secousses électriques peu intenses font prendre à l'*Amibe* une forme sphérique et la rendent immobile, mais les mouvements reprennent au bout d'un certain temps; de fortes secousses électriques la tuent.

Il arrive assez souvent qu'une *Amibe* active devient spontanément immobile, s'arrondit et secrète une capsule anhiste ou kyste, où elle demeure enfermée plus ou moins longtemps.

Si l'on ne peut se procurer d'*Amibe*, l'examen de corps, qui, à plusieurs égards, leur ressemblent beaucoup, peut faire comprendre leur nature. On les trouve dans le sang de tous les vertébrés et de la plupart des invertébrés; ils sont connus sous le nom de *globules blancs du sang*. On rencontre en abondance ces globules dans une goutte de sang humain frais. Dans cette goutte, on voit, après que les globules rouges se sont assemblés en rouleaux, des corps irréguliers parmi ces rouleaux. En observant avec soin un de ces corpuscules, on le verra subir des changements de forme analogues à ceux que présente l'*Amibe*, et ces mouvements deviennent bien plus actifs si la goutte de sang est portée à la température du corps au moyen d'une platine chauffante. Chacun de ces globules est en fait une masse de protoplasma renfermant un noyau, et ce protoplasma émet des pseudopodes exactement comparables à ceux de l'*Amibe*; toutefois ils n'ont pas de vésicule contractile.

Les globules blancs de n'importe quel vertébré à sang froid tels que la *grenouille* et le *lézard*, peuvent se conserver pendant plusieurs semaines dans le sérum convenablement protégé contre l'évaporation.

Si on les met en présence d'une matière colorante finement divisée, telle que l'indigo, soit dans l'intérieur du corps de l'animal, soit en dehors, ils l'absorbent exactement comme feraient les *Amibes*. Dans les premières phases de la vie embryonnaire, le corps tout entier est composé de cellules nucléées semblables aux globules blancs du sang, et ces globules doivent être regardés

simplement comme la progéniture de ces globules qui n'auraient pas subi de métamorphoses,
et auraient gardé les caractères des formes les
plus inférieures et les plus rudimentaires de la vie
animale.

L'*Amibe* est un animal, non à cause de sa contractilité ou pouvoir de locomotion, mais parce
qu'elle n'est jamais revêtue d'une membrane de
cellulose, et qu'elle ne jouit pas de la propriété
de fabriquer des composés protéiques avec des
corps d'une composition chimique relativement
simple. L'*Amibe* doit trouver sa protéine toute
prête ; à cet égard, elle ressemble aux véritables
animaux, et comme eux, par conséquent, elle a
son existence d'une façon ou d'une autre sous la
dépendance de la vie végétale.

MANIPULATION.

A. AMIBE.

Mettez une goutte d'eau contenant des *Amibes*
sur le porte-objet, recouvrez d'une lamelle en évitant toute compression et cherchez avec un objectif faible. Une fois l'*Amibe* trouvée, examinez à
un fort grossissement.

1. *La taille :* très variable suivant les échantillons. (Mesurer.)

2. *Le contour* : irrégulier avec plusieurs grosses proéminences arrondies (pseudopodes), qui subissent des changements continuels. — Dessinez-les de cinq en cinq secondes.

3. *Structure : a.* Bord extérienr hyalin (*ectosarc*), assez nettement délimité : une courbe granuleuse (endosarc) se trouve à l'intérieur et passe graduellement à une partie centrale plus fluide.

b. Noyau (absent dans quelques échantillons); particule ronde, d'apparence plus solide, qui n'éprouve pas de changements de forme.

c. Vésicule contractile : dans l'ectosarc, vous remarquez un espace arrondi, clair, qui disparaît et reparaît à intervalles réguliers; la diastole est lente et la systole rapide. Ne se trouve pas dans tous les échantillons.

d. Corps étrangers (absorbés); capsules de diatomées, *desmidiées...*, etc.

4. *Mouvements :*

a. Guettez le processus de formation d'un pseudopode. C'est en premier lieu une proéminence de la substance hyaline; puis, lorsque cette proéminence a grandi, on y voit affluer un courant de protoplasma qui y charrie des granulations.

b. Locomotion : suivez la marche du phénomène;

— un pseudopode est émis, le reste du corps s'y
écoule, et le phénomène se répète.

c. Si l'occasion se présente, observez le mode
d'ingestion des matières solides.

d. [Observez les mouvements à l'aide de la platine chauffante ; la chaleur accélère tout d'abord les mouvements,
mais lorsque la température atteint 40° c. environ, ces
mouvements cessent et la masse tout entière de l'animal
prend la forme d'une sphère immobile.]

e. [Effets des secousses électriques sur le mouvement.]

5. *Analyse mécanique :* écrasez. Tout disparaît à
l'exception du noyau qui disparaît aussi au bout
d'un certain temps ; il n'y a donc pas trace d'une
membrane extérieure résistante.

6. *Analyse chimique :* traitez la préparation par
les solutions d'aniline et d'iode. Tout se colore,
il n'y a pas de membrane d'enveloppe incolore.
D'habitude, l'iode ne produit pas de coloration
bleue ; si des points bleus apparaissent, ils sont
dus à des grains d'amidon qui ont été absorbés.

7. [Essayez de trouver des échantillons enkystés et d'autres en voie de division].

8. On trouve assez fréquemment une autre
forme d'Amibe, qui diffère de celle qui vient d'être
décrite, en ce qu'elle est moins grossièrement

granuleuse, et n'a pas d'ectosarc et d'endosarc bien définis. Elle a aussi des pseudopodes beaucoup plus longs, plus fins et pointus. Une autre forme commune progresse avec rapidité par un mouvement de reptation, et n'émet des pseudopodes qu'à son extrémité antérieure.

B. Globule blanc du sang (humain).

Piquez votre doigt et exprimez-en une goutte de sang; étendez cette goutte sur une lame de verre et recouvrez-la d'une lamelle, évitez toute compression et entourez d'huile le bord de la lamelle. Ne faites pas attention aux globules jaunâtres, homogènes (*globules rouges*); examinez seulement les globules blancs, beaucoup moins nombreux, à l'aspect granuleux.

Notez leur :

1. *Grandeur* (mesurer).

2. *Forme :* varie beaucoup comme chez l'*Amibe*, mais avec moins d'activité. Dessinez-la de dix en dix secondes.

3. *Structure :* plus ou moins granuleuse suivant les cas ; on n'y distingue ni ectosarc, ni endosarc, ni vacuole comme chez les *Amibes*. Nucléus rarement visible à l'état frais. Pas de vésicule contractile.

4. Traitez la préparation par l'acide acétique dilué ; il rend les granulations transparentes et fait apparaître le noyau dans une position plus ou moins centrale. Si l'acide acétique est à un degré trop fort de concentration, le noyau se contracte et va même jusqu'à se tordre.

5. Colorez avec la solution d'aniline et la solution d'iode ; tout se colore, mais le noyau avec plus d'intensité que le reste.

6. Placez une préparation sur la platine chauffante et élevez par degrés la température jusqu'à 50° C. Les mouvements sont tout d'abord activés, mais finalement s'arrêtent ; les prolongements en forme de pseudopodes se rétractent, et le tout devient une sphère immobile.

Laissez refroidir la préparation, les mouvements ne reprennent pas, le protoplasma est passé à l'état de coagulation permanente ou rigidité.

7. Répétez les observations précédentes avec les globules blancs du sang de la grenouille ou du triton.

CHAPITRE IV

Le nom générique de *Bactérie* s'applique à des organismes nombreux et variés, pour la plupart d'une extrême petitesse.

On peut les définir des masses de matière protoplasmique globulaires, oblongues, en forme de bâtonnet ou roulées en spirale, entourées d'une substance anhiste plus ou moins distincte, dépourvues de chlorophylle et se multipliant par division transversale. Les plus petites n'ont pas plus de 1/1200 de millimètre de diamètre, et n'apparaissent que comme des points même sous les meilleurs microscopes, et les plus grandes n'ont guère plus de 1/400 de millimètre d'épaisseur quoiqu'elles puissent être relativement très longues. Plusieurs d'entre elles apparaissent comme le *Protococcus* sous deux formes — à l'état immobile et à l'état mobile. A l'état immobile, elles présentent cependant en général le mouvement brownien, commun à presque toutes les matières solides à l'état de grande division en suspension dans un liquide. Mais ce mouvement est purement oscillatoire et se distingue facilement du mouvement de translation rapide effectué par les *Bactéries* réellement actives.

Chez une des formes les plus grandes, *Spirillum volutans,* on a pu observer les cils au moyen desquels ce mouvement s'effectue. Chez cette espèce on trouve un cil à chaque bout du corps spiralé. Une telle structure ne peut cependant exister dans les *Bactéries* rigides et on est réduit à douter si elles possèdent des cils trop fins pour être perceptibles à nos microscopes, ou si leurs mouvements sont dus à quelque autre cause. Plusieurs formes, les vibrions par exemple, si communs dans les matières en putréfaction, semblent présenter un mouvement de vrille ou serpentiforme, mais c'est une illusion d'optique. Chez ces *Bactéries* comme chez toutes les autres, le corps ne présente point des changements de forme rapides, mais ses articles sont disposés en ziz-zag et la rotation de cette spirale autour de son axe, lorsqu'elle se meut, fait naître l'apparence d'une contraction ondulatoire. Un tire-bouchon que l'on fait tourner en fixant sa pointe sur le doigt, donne lieu à la même illusion.

A l'état immobile, la *Bactérie* s'entoure souvent d'une matière gélatineuse qui paraît être secrétée par son protoplasma et répondre à la membrane cellulaire des autres algues inférieures, telles que le *Protococcus*. On dit alors que la *Bactérie* est sous forme de *Zooglœa*.

Les *Bactéries* s'accroissent et se multiplient avec une rapidité extrême dans la solution de Pasteur (sans sucre); en augmentant de nombre, elles rendent le liquide laiteux et opaque. Leur activité vitale s'arrête à la température de congélation de l'eau. La température qui leur est le plus favorable est celle de 30° C. environ; mais, dans la plupart des liquides, elles sont tuées par une température de 60° C. (140° F.).

A tous ces égards, les *Bactéries* ressemblent entièrement aux *Torulas*. Elles leur ressemblent encore en ce point que plusieurs d'entre elles excitent spécialement des phénomènes de fermentation dans les substances qui se trouvent dans les liquides où elles vivent, précisément comme la levûre à l'égard du sucre.

Toutes les sortes de putréfaction que subissent les matières animales et végétales sont des fermentations produites par diverses espèces de *Bactéries*. Les matières organiques exposées à l'air libre sont en elles-mêmes assez stables, et si toutes les précautions nécessaires pour éviter l'accès des *Bactéries* ont été prises, elles ne se putréfient pas. Ainsi, comme on l'a très bien fait remarquer, « la putréfaction est concomitante, non de la mort, mais de la vie. »

La dessiccation ne tue pas les *Bactéries*, non plus que les *Torulas* et les *Protococcus*. Grâce à leur extrême petitesse, elles peuvent être enlevées du lieu qu'elles occupent et charriées plus aisément encore que les *Torulas*. C'est un motif de croire qu'elles sont très largement répandues dans l'air, et qu'elles existent en abondance dans toutes les eaux ordinaires, et à la surface de tous les vases qui n'ont pas été chimiquement purifiés. On peut facilement les séparer de l'air par filtration, en forçant l'air à passer à travers un tampon de ouate.

MANIPULATION.

1. Faites infuser un peu de foin dans l'eau chaude pendant une demi-heure, et mettez à part l'infusion après l'avoir filtrée. Notez les changements que subit le liquide — d'abord limpide, au bout de vingt-quatre à vingt-six heures, il devient trouble ; plus tard, il se forme une écume à la surface, et l'infusion acquiert une odeur putride.

2. Jetez dans de l'eau de la gomme-gutte en

poudre, et examinez une goutte du mélange à un fort grossissement; évitez tous les courants qui pourraient se produire dans la préparation et observez les *mouvements browniens;* remarquez qu'ils sont purement oscillatoires, non de translation.

3. Prenez une goutte du liquide trouble de l'infusion de foin. Examinez-la au plus fort grossissement qu'il vous sera possible, vous y trouverez eu foule des :

Bactéries mobiles. Notez leur :

a. Forme : Elliptique ou en bâtonnet, formant parfois de courtes rangées d'articles (2 à 8).

b. Taille : Largeur petite, mais presque constante ; longueur variable, mais généralement plus grande que la largeur (mesurer).

c. Structure : Une couche externe plus transparente environne le reste de la substance du corps plus obscure. Dans les formes composées, l'enveloppe n'apparaît que là où les articles sont en contact, de sorte que les bâtonnets paraissent formés d'nne substance transparente qui alterne avec une autre plus opaque.

d Mouvements : Les uns vitaux, les autres purement physiques (*Browniens*). Les premiers variés mais progressifs; les autres consistent en un mouvement de rotation autour d'un centre fixe. Etudiez-le dans une goutte d'infusion bouillie où toutes les *Bactéries* sont mortes.

4. Traitez par l'iode, — la partie la plus opaque se colore seule; nous avons probablement affaire au protoplasma, entouré d'une matière non-pro-toplasmique.

5. Bactéries immobiles. (*État de Zooglœa.*)

a. Examinez l'écume formée à la surface d'une infusion de foin; elle présente des myriades de *Bactéries immobiles*, enfouies dans une matière gélatineuse.

b. Traitez par l'iode, les Bactéries se colorent comme devant; la matière gélatineuse naissante reste incolore.

6. Au milieu des Bactéries proprement dites, aussi bien dans la pellicule que dans le liquide situé au-dessous, on peut trouver les formes vi-vantes suivantes :

a. **Micrococcus** : Corps tout à fait analogues, mais courts et ronds, isolés ou en amas semblables à des chapelets. Ils peuvent se rencontrer libres ou à l'état de Zooglæa.

b. **Bacillus** : Filaments composés d'articles

étroits, cylindriques, beaucoup plus longs que ceux des Bactéries, mais ayant la même structure. Ils nagent toujours en liberté.

c. **Vibrion** : Semblables aux Bacillus, mais les articles sont courbes.

d. **Spirillum** : Filaments allongés inarticulés, enroulés de façon à former une spirale plus ou moins parfaite. Il arrive fréquemment que deux spirales s'entrelacent. Dans quelques-unes des plus grandes espèces, il peut y avoir un cil vibratile à chaque extrémité du filament.

e. **Spirochœte** : Ressemblent beaucoup aux spirillums, plus longs et avec une spirale plus serrée. C'est une forme très activement mobile, mais peu commune.

7. Examinez divers liquides en putréfaction pour y voir les Bactéries et les autres organismes mentionnés ici.

8. Mettez un peu d'infusion de foin fraîchement préparée dans trois flacons ; portez deux d'entre eux à l'ébullition pendant trois ou quatre minutes ; pendant l'ébullition même bouchez hermétiquement le goulot d'un des flacons avec un tampon de ouate, et prolongez encore l'ébullition une minute ou deux : laissez ouverts les goulots des deux

autres flacons, et mettez les trois dans un endroit chaud.

a. Au bout d'un jour ou deux on trouvera le flacon dont le contenu n'a pas été soumis à l'ébullition plein de Bactéries.

b. Dans le flacon porté à l'ébullition, mais non bouché, il apparaîtra aussi des Bactéries, mais sans doute pas encore autant que dans *a*.

c. Dans le flacon porté à l'ébullition et bouché, il ne doit pas y avoir de Bactéries si l'expérience s'est faite convenablement, lors même qu'elle durerait plusieurs mois.

CHAPITRE V

Penicillium et Mucor.

La *Torula*, le *Protococcus* et l'*Amibe* sont des
conditions extrêmement simples des deux grandes
formes de la matière vivante que nous connaissons
sous le nom d'animaux et de plantes. Il n'y a pas
de plantes d'une structure moins compliquée que
la *Torula* et le *Protococcus*, et les seuls animaux
qui soient plus simples que l'*Amibe* sont essentiellement des *Amibes* dépourvues de noyau et de
vésicule contractile.

De plus, quelque compliquée que soit la structure d'une plante supérieure à l'état adulte, aux
débuts de son existence elle est aussi simple qu'une
Torula ou qu'un *Protococcus*, ou tout au moins
qu'une *Torula* ou un *Protococcus* pourvus d'un
noyau distinct; de même, la plante tout entière
se forme par les segmentations réitérées d'une

cellule d'où elle tire son origine, ainsi que par l'accroissement et la métamorphose subséquente des cellules ainsi formées. La même chose est vraie de tous les animaux supérieurs. Ils sont à leurs débuts des cellules nucléées, essentiellement semblables à des Amibes et aux globules blancs du sang, et leur corps se forme par l'agrégation de cellules métamorphosées, dérivées par segmentation de la cellule primitive. On a vu que la *Torula* et le *Protococcus*, qui se ressemblent tant par leur structure, se distinguent l'un de l'autre par des particularités physiologiques importantes. De même, les plantes les plus compliquées se divisent en deux séries — l'une produite par la croissance et la modification des cellules physiologiquement analogues aux *Torulas* et dépourvues de chlorophylle, tandis que les autres, et c'est le plus grand nombre, ont de la chlorophylle et présentent les particularités physiologiques du *Protococcus*. La première série comprend les *Champignons*, la seconde les autres plantes; seules, parmi ces dernières, quelques espèces parasites sont dépourvues de chlorophylle.

Les *Champignons* naissent de *spores*, sorte de cellules, qui tout en présentant des détails de structure assez variés, ressemblent dans leurs traits essentiels aux Torulas. Indirectement ou directement, les spores donnent naissance à un long filament tubuleux, appelé *hypha*, et de ces hyphas procède le champignon.

Une des moisissures les plus communes, le *Penicillium glaucum*, bien connu de tout le monde (c'est lui qui forme sur le pain, les confitures, les vieilles bottes, ces croûtes d'un vert de sauge), nous offre un exemple de champignon commode et excellent pour l'étude. L'examen avec un verre grossissant fait voir que cette couleur verte est due, en grande partie, à une poussière très fine qui se détache de la surface de la moisissure au plus léger attouchement. Au-dessous, un feutrage de filaments tubulaires déliés, les hyphas, forme une croûte, d'apparence très analogue à du papier buvard ; c'est le *mycélium*. De la surface libre de la croûte s'élancent dans l'air d'innombrables hyphas qui portent la poussière verte plus haut mentionnée. Ce sont les *hyphas aériennes*. D'autre part, la surface d'attache donne naissance à une foule aussi considérable d'hyphas plus longues, ramifiées, qui s'allongent dans le liquide sur lequel vit la croûte, semblables à autant de racines et peuvent s'appeler les hyphas submergées. Si la tache de *Penicillium* n'a qu'une faible étendue, relativement à la surface où elle est implantée, on voit des hyphas argentées rayonner en foule de sa périphérie, et émettre des ramifications nombreuses qui sont submergées, mais peu ou point de branches verticales ou sub-aériennes. L'examen microscopique fait voir qu'une hypha se compose d'une paroi transparente (qui présente les mêmes caractères qu'une membrane cellulaire de *Torula*) et de son contenu protoplasmique, qui remplit le tube formé par la membrane et offre au centre de grands espaces clairs ou vacuoles. De distance en distance, des cloisons transversales, continues aux parois du tube, le divisent en cellules allongées dont chacune contient, d'une façon correspondante, un sac protoplasmique allongé en utricule primordial. Les hyphas se ramifient souvent par dichotomie; et dans la croûte, elles s'entrelacent d'une façon inextricable. Cependant chaque hypha, ainsi que toutes ses ramifications, est tout à fait distincte des autres. Celles d'entre les hyphas aériennes qui se trouvent le plus près de la périphérie de la croûte se terminent par de simples extrémités arrondies; tandis que les autres se terminent en pinceaux de courts filaments, dont chacun en grandissant se divise par des étranglements transversaux en une série de spores arrondies disposées comme les grains d'un collier. Les spores ainsi formées s'appellent *conidies*. Les conidies adhèrent très faiblement à l'extrémité libre

de chaque filament du pinceau et constituent la
poussière verte dont nous avons parlé. Chaque
conidie, prise à part, est un corps sphérique, composé d'une membrane transparente, enveloppant
une petite masse de protoplasma, et ressemble à
tous égards à une Torula. Les *conidies* germent si
on les sème dans un milieu approprié, par exemple
dans le liquide de Pasteur, avec ou sans sucre.
Sur une quelconque d'entre elles, on voit à la
surface une élévation se produire en quatre points
sous forme de bourgeon de la membrane cellulaire et de son contenu. Ils s'allongent rapidement
et par croissance continuelle de leur extrémité
libre donnent naissance à autant d'hyphas. Ainsi
le jeune *Penicillium* prend la forme d'une étoile
dont chaque rayon est une hypha. Ces hyphas
s'allongent et développent sur leurs parois des
excroissances latérales. Ce phénomène se répète
dans chaque rameau, jusqu'à ce que les hyphas
provenant d'une seule conidie aient recouvert
sous la forme d'une tache de mycélium une large
surface circulaire. Lorsque, et c'est le cas ordinaire, plusieurs conidies germent ensemble à côté
les unes des autres, leurs hyphas se croisent, s'entrelacent et donnent naissance à une croûte papy-
racée. Quand les hyphas ont atteint une certaine
longueur, le protoplasma se divise à certaines

places, et il se forme des cloisons transversales entre les masses protoplasmiques ainsi segmentées. Mais ici, non plus que chez les autres champignons, on ne voit des cloisons se former dans le sens de la longueur des hyphas.

Tout à fait au début de l'évolution du mycélium, des branches des hyphas se dirigent en bas dans le milieu où s'accroît le mycélium. Cependant, aussitôt que la tache de moisissure a pris une certaine extension, les hyphas du centre émettent des branches verticales aériennes, et ces dernières se développent, en allant du centre à la périphérie. La production de bouquets en pinceaux de rameaux à leur extrémité a lieu dans le même ordre; des étranglements se forment sur ces rameaux au fur et à mesure de leur apparition, de telle sorte qu'ils se terminent par des conidies, lesquelles peuvent alors parcourir les mêmes étapes dans leur évolution.

Les conidies peuvent supporter la dessiccation, sans pour cela perdre aucunement la faculté de germination; grâce à leur extrème petitesse et à leur légèreté, elles peuvent être emportées et disséminées par le moindre courant d'air. Le maintien de leur existence tient presque entièrement aux mêmes conditions de température que chez la levùre. Il n'est pas rare de voir des *Torulas* apparaître en abondance au milieu des hyphas et des conidies du *Penicillium*, au point qu'elles semblent en provenir. C'est encore matière à discussion de savoir si ce fait a réellement lieu ou non.

En mettant sous une cloche du crottin frais de cheval et en chauffant modérément, on le verra au bout de deux ou trois jours se recouvrir de filaments blancs, cotonneux, dont plusieurs s'élèvent verticalement dans l'air et se terminent par des têtes arrondies, qui leur donnent l'apparence de longues épingles. L'organisme ainsi produit est un champignon d'une autre espèce, — la moisissure appelée *Mucor mucedo*.

Chaque tête arrondie est un *sporange*; le pédoncule qui le supporte naît d'un des filaments qui se ramifient dans la substance du crottin, et qui sont les *hyphas*. Chaque hypha est comme dans le *Penicillium* un tube à paroi dure, épaisse, sans structure, rempli d'un protoplasma vacuolé. Dans les vieux échantillons, des cloisons transversales, continues avec la paroi des hyphas, peuvent les diviser en chambres ou cellules. Le pédicule du sporange est une hypha semblable en structure aux autres. La membrane du sporange est munie de petites aspérités composées d'oxalate de chaux, et renferme dans son intérieur un grand nombre de petits corps ovales, les *spores*, unies entre elles

par une substance intermédiaire transparente.
Lorsque le sporange est mûr, la plus légère
pression fait éclater sa membrane mince et fragile
et les spores se séparent grâce à l'expansion de la
substance unissante qui se gonfle facilement et finit
par se dissoudre dans l'eau. La membrane du
sporange disparaît alors presque entièrement,
mais un petit collet, dernier vestige de sa partie
basilaire, reste adhérent au pédicule. La cavité du
pédicule ne communique pas avec celle du sporange, mais en est séparée par une cloison qui
pénètre dans la cavité du sporange pour y former
un promontoire ou pilier central. On aperçoit
très bien cette *columelle* (c'est le nom qu'on a
donné à ce pilier) qui se dresse au-dessus du collet, après la déhiscence du sporange et l'évacua-
tion des spores.

Les spores sont ovales et constituées par une
membrane de même composition que la membrane
de l'hypha, qui revêt une masse de protoplasma.
Semées dans un milieu approprié, par exemple
dans le liquide de Pasteur, elles augmentent de
volume, deviennent sphériques et émettent plusieurs prolongements épais. Chacun de ces prolongements s'allonge par croissance de son extrémité libre et devient une hypha d'où partent des
ramifications secondaires qui s'accroissent et se

ramifient à leur tour de la même façon. Toutes les ramifications des hyphas procédant de la spore comme d'un centre, leur développement donne naissance, comme chez le *Penicillium*, à un délicat mycélium étoilé. Il ne se développe pas tout d'abord de cloisons dans les hyphas, de telle sorte que le mycélium tout entier peut être regardé comme une seule cellule à prolongements longs et ramifiés, et le Mucor, à cette période, considéré comme un organisme unicellulaire. Presque au centre du mycélium, une ramification part d'une hypha, s'élève verticalement et cesse de s'allonger après avoir atteint une certaine longueur. Son extrémité libre se dilate de façon à former une tête arrondie dont la taille augmente continuellement jusqu'à ce qu'elle atteigne les dimensions d'un sporange adulte, et, en même temps, il se forme une cloison qui sépare le protoplasma contenu dans cette tête de celui que renferme le pédoncule. Cette cloison courbe a sa convexité tournée vers la cavité du sporange et constitue la columelle. La membrane du sporange ainsi formé se recouvre extérieurement d'une couche d'aiguilles d'oxalate de chaux. Au fur et à mesure de l'accroissement du sporange, son contenu protoplasmique se divise en un grand nombre de petites masses ovales, pressées les unes contre les autres,

mais qui ne se touchent pas réellement. Chacune
de ces petites masses se sépare bientôt tout à fait
des autres, s'entoure d'une membrane de cellulose et devient une spore. Cependant, le protoplasma qui n'a point été ainsi employé à la formation des spores paraît donner naissance à cette
substance gélatineuse intermédiaire, qui se gonfle
dans l'eau et que nous avons mentionnée plus
haut. Les membranes des spores se colorent, et
celle du sporange s'amincit graduellement jusqu'à
se réduire presque à sa couche extérieure d'oxalate de chaux. C'est alors que le sporange crève
avec facilité et que les spores deviennent libres
par gonflement et dissolution subséquente de la
matière gélatineuse interposée. On appelle communément *asques* les sporanges où les spores se
forment par segmentation du protoplasma, et *ascospores* les spores ainsi formées.

Il paraît n'y avoir pas chez le Mucor de limites
au mode de reproduction sexuel par développement de spores produites par segmentation du
contenu du sporange. Tout au moins, ne voit-on
intervenir aucun autre mode de reproduction
aussi longtemps que la moisissure prospère dans
un milieu liquide abondamment pourvu de matériaux nutritifs.

Mais dans la nature, et lorsque le développe-

ment du Mucor a lieu sur des matières telles que
le crottin de cheval par exemple, il intervient un
mode de reproduction qui représente la génération sexuelle sous sa forme la plus simple. Des
hyphas voisines, ou des parties d'un même hypha
donnent naissance à de courtes branches qui se
dilatent à leur extrémité libre, et se rapprochent
l'une de l'autre jusqu'à mettre leurs extrémités en
contact. Dans chacune de ces extrémités dilatées,
le protoplasma se sépare par une cloison du reste
de la branche; les deux cellules ainsi formées
s'ouvrent l'une dans l'autre par leurs faces en
contact; leurs contenus protoplasmiques se mélan-
gent, forment une masse sphéroïdale, à la forme
de laquelle les membranes cellulaires réunies
s'adaptent d'elles-mêmes. Ce mode de conjugaison
représente évidemment l'imprégnation sexuelle
qui s'opère chez les organismes supérieurs, mais
comme ici nulle différence morphologique n'existe
entre les hyphas modifiées qui entrent en rapport
l'une avec l'autre, il est impossible de dire ce qui
représente l'élément mâle ou l'élément femelle.
Le produit de la conjugaison s'appelle une *zygospore*. La membrane de cellulose qui l'enveloppe
se divise en deux couches : l'une extérieure d'un
noir foncé, l'*exospore*, et l'autre intérieure, incolore, l'*endospore*. La membrane extérieure pré-

sente des aspérités irrégulières auxquelles correspondent des proéminences analogues de la membrane interne.

La *zygospore* ne germe pas immédiatement après
qu'elle se trouve placée dans un milieu favorable.
Au bout d'un temps plus ou moins long, l'exospore
crève ainsi que l'endospore, et la zygospore émet
un prolongement, une sorte de bourgeon qui d'ordinaire se borne à former une hypha très courte,
non ramifiée.

De cette hypha sort un prolongement vertical,
qui se convertit en un sporange, tel que les sporanges plus haut décrits, lequel à son tour produit
des spores qui donnent enfin naissance à un
mycélium étoilé. Le *Mucor* présente ainsi ce qu'on
est convenu d'appeler une « alternance de générations ». La zygospore produite par génération
sexuelle développe un mycélium rudimentaire,
avec un sporange unique qui constitue la première
génération A. Celle-ci donne naissance par formation asexuelle de spores dans son sporange à
une seconde génération B, représentée par autant
de *Mucors* séparés qu'il y a de spores. La seconde
génération B peut donner naissance par voie
sexuelle à des zygospores et reproduire ainsi la
génération A ; mais, plus ordinairement, une série
indéfinie de générations semblables à B procèdent

asexuellement l'une de l'autre, avant que A reparaisse.

Quand il arrive que le *Mucor* se développe à la surface d'un liquide sucré, il ne prend pas d'autre forme que celle que nous venons de décrire; mais s'il est plongé dans ce même liquide, le mode de développement des jeunes hyphas est tout autre. Elles se divisent, par une sorte d'étranglement, en des éléments courts qui se séparent, s'arrondissent, et en même temps se multiplient par bourgeonnement, à la manière des Torulas. D'une façon concomitante à ces transformations une active fermentation prend naissance dans le liquide, de telle sorte que cette « *Mucor-Torula* », au point de vue fonctionnel aussi bien que morphologique, mérite le nom de levûre.

Si la *Mucor-Torula* est séparée par filtration du liquide sucré, lavée et abandonnée à elle-même dans l'air humide, les *Torulas* émettent des hyphas aériennes très courtes, qui finissent en petits sporanges. Dans ces derniers, il se développe un très petit nombre de spores ordinaires de *Mucor;* mais, dans les traits essentiels de leur structure, les sporanges aussi bien que les spores ressemblent à ceux du *Mucor* normal.

MANIPULATION

A. Penicillium.

Préparez un peu de solution de Pasteur, et laissez-la exposée à l'air dans des soucoupes, en un endroit chauffé ; si vous avez sous la main des spores de Penicillium, semez-en quelques-unes sur le liquide de chaque soucoupe. Si l'on n'en a point, il suffit d'abandonner les soucoupes à elles-mêmes, il est probable qu'au bout de dix ou quinze jours on les trouvera couvertes de Penicillium. Il arrive cependant que parfois le liquide se trouve couvert de Bactéries, à l'exclusion de tout autre organisme. Et très fréquemment, d'autres moisissures, telles que l'Aspergillus, le Mucor peuvent apparaître en même temps que le Penicillium ou à sa place.

1. Caractères perceptibles a l'œil nu. Notez l'apparence pulvérulente de la surface supérieure, blanche dans les jeunes échantillons, d'un vert pâle dans les moisissures plus âgées, et devenant chez les dernières d'un vert sauge plus foncé encore ; la surface inférieure blanche et lisse.

2. Structure Histologique.

a. Le mycélium.

α. Dissociez-en un fragment dans l'eau, et examinez la préparation à un grossissement d'abord faible, ensuite puissant : il est principalement composé de filaments ou tubes entrelacés.

α. *Hyphas*. Notez leur diamètre (mesurez-le) — leur forme — leur subdivision en *cellules* — leur mode de ramification par dichotomie — et leur structure ; la membrane extérieure homogène ; le protoplasma granuleux moins transparent ; les petites vacuoles arrondies. Dessinez la préparation.

β. Les Torulas qui s'y trouvent mêlées. Notez leur grandeur et leur nombre.

b. Maintenez un fragment de mycélium entre deux morceaux de carotte, et détachez-en une coupe mince verticale à l'aide d'un rasoir bien affilé : montez la coupe dans l'eau et examinez-la avec des grossissements de plus en plus forts.

b. Les hyphas submergées.

Petits filaments ramifiés qui pendent de la surface inférieure du mycélium : répétez les observations, 2 **a**, *a*, α.

c. Les hyphas aériennes et les conidiophores.

Dissociez dans l'eau un fragment pris à la surface d'une des taches verdâtres ; observez combien l'eau le mouille difficilement. Examinez avec des

grossissements successivement faibles et puissants.

Notez :

α. L'hypha droite primitive.

β. La division en un grand nombre de branches.

γ. La division des ramifications terminales en
un chapelet de conidies produites par constriction.
Dessinez.

d. Les conidies.

a. Leur taille (mesurez-la).

Leur forme : sphérique.

Leur structure : membrane, protoplasma, vacuole.

b. Colorez avec l'aniline et l'iode.

c. Traitez un autre échantillon par la potasse.

**e. La germination des conidies et la forma-
tion du mycélium**

a. Semez quelques conidies dans un verre de
montre contenant de la solution de Pasteur; suivez le développement du mycélium (en examinant
la surface de la préparation avec un faible grossissement); vous y verrez se former des hyphas
aériennes, et enfin se produire de nouvelles conidies.

b. [Semez quelques conidies dans le liquide de Pasteur,
en chambre humide, observez de jour en jour; notez la

formation d'éminences en un ou plusieurs points de la conidie ; l'élongation que subissent ces éminences pour devenir
des hyphas ; la ramification et l'entrelacement des hyphas.]

B. Mucor Mucedo.

1. Mettez un peu de crottin frais de cheval sous
une cloche où vous entretiendrez la chaleur et l'humidité. Dans l'espace de vingt-quatre à quarante-
huit heures, la surface en est presque toujours
recouverte d'une moisson d'hyphas de Mucor,
dressées, terminées chacune par une petite dilatation (sporange) à peine visible à l'œil nu. C'est
cette première moisson d'hyphas et de sporanges
que l'on doit examiner.

2. Enlevez quelques hyphas au moyen des
ciseaux, montez-les dans l'eau, et examinez-les
avec l'objectif n° 1 (Nachet).

a. Grandes hyphas non ramifiées dont chacune
se termine par une dilatation sphérique (*sporange*).

3. Examinez avec l'objectif n° 5 (Nachet).

a. Les hyphas.

α. *Leur taille ;* elles surpassent de beaucoup les
hyphas du Penicillium tant en longueur qu'en diamètre.

β. *Leur structure ;* membrane homogène, protoplasma granuleux, vacuoles : cloisons absentes excepté aux abords du sporange.

γ. Traitez par l'iode et l'aniline, le protoplasma se colore.

δ. Traitez un autre échantillon par la solution de Schulze; la membrane se colore en violet.

b. Les sporanges ou asques.

Examinez avec l'objectif n° 5.

a. Leur grandeur et leur forme.

b. Leur structure.

α. La membrane d'enveloppe homogène recouverte par des masses irrégulières d'oxalate de chaux.

β. Le contenu protoplasmique granuleux : non segmenté dans les uns; divisé en un grand nombre de masses ovales distinctes (*ascospores*) dans les autres.

γ. La projection dans la cavité sporangiale de la cloison convexe (*columelle*) qui sépare l'hypha du sporange.

δ. Le *collet* qui s'élève autour de la base de la columelle du sporange, après sa déhiscence.

c. Colorez-en quelques-uns par l'iode; d'autres par la solution de Schulze.

c. Les ascospores.

a. Écrasez quelques asques mûres au moyen

d'une pression légère exercée sur la lamelle. Examinez avec l'objectif n° 5.

α. La taille des ascospores (*mesurer*).

β. Leur forme ; cylindrique et allongée.

γ. Leur structure.

δ. Colorez par l'iode et l'aniline.

CHAPITRE VI

CHARA *ou* NITELLA

Ces plantes aquatiques se rencontrent assez fréquemment dans les ruisseaux et dans les rivières où elles poussent en masses entortillées de couleur vert-sombre. Chaque plante est un peu plus grosse qu'une forte aiguille, mais elle peut atteindre trois ou quatre pieds de long. Une des extrémités de la tige est fixée au fond de l'eau dans la vase, l'autre flotte à la surface. De distance en distance se présentent des *appendices : feuilles, rameaux, filaments radiculaires* et *organes reproducteurs*. Ces appendices sont disposés en cercles ou *verticilles*. A la partie inférieure comme à la partie moyenne de la plante, ces verticilles sont placés à intervalles sensiblement égaux et à des distances considérables les uns des autres; mais, à mesure qu'on s'approche de l'extrémité libre, les mêmes intervalles deviennent de plus en plus courts; en même temps, les appendices verticillés eux-mêmes se raccourcissent; enfin, à l'extrémité même de la tige, ils forment par leur coalescence un bourgeon terminal, dont l'analyse exige l'emploi du microscope.

Les parties de la tige ou axe dont naissent les appendices s'appellent les *nœuds*, les parties intermédiaires sont les *entre-nœuds*. A la loupe, ces nœuds paraissent ornés d'une striation en spirale.

Dans les *Chara*, chaque entre-nœud est constitué par une cellule unique très allongée qui s'étend d'un bout à l'autre de l'entre-nœud. Elle est revêtue d'une couche corticale composée de plusieurs cellules dont la disposition spiralée donne à la surface l'apparence que nous avons signalée. Cette structure multi-cellulaire de la couche centrale se répète à chaque nœud de la tige. Ainsi la tige consiste en une série de longues. cellules axiales contenues comme dans de petites chambres closes formées par les cellules corticales. Les nœuds sont des cloisons multicellulaires interposées à ces chambres. Les rameaux ont tout à fait la même structure que la tige principale. Les feuilles ressemblent également à la tige, étant formées comme elle de cellules axiales et corticales. Elles en diffèrent cependant par la forme et les proportions de ces cellules. Elles en diffèrent également en ce point que leur sommet ou extrémité libre est toujours une cellule très longue et pointue. Les rameaux naissent de l'angle rentrant formé par la tige et la feuille (aisselle de la feuille). C'est également là qu'à la saison où fructifie la plante, on trouve les organes reproducteurs. Ces organes sont de deux sortes : les premiers, grands et de forme ovale, sont les *sporanges* ou *fruits sporifères* [1] ; les autres, plus petits et globuleux, les *anthéridies*. Tous deux, à leur maturité, sont colorés en rouge-orangé et portés par un court pédicelle.

Si nous observons une plante en cours d'accroissement, nous verrons qu'elle s'accroît constamment en longueur de deux manières différentes. Des nœuds, des entre-nœuds et des verticilles de nouvelle formation se présentent constamment à la base du bourgeon terminal. Ces appendices, en augmentant de volume et en s'écartant de plus en plus les uns des autres, finissent par se trouver aussi volumineux et aussi écartés les uns des autres que dans les parties âgées de la plante. En premier lieu, les appendices sont exclusivement

---

1. Le nom d'*Oogemme* convient mieux à l'organe de reproduction femelle des *Chara* que celui de *Sporange*. Ce dernier terme est généralement réservé aux conceptacles renfermant des cellules reproductrices asexuées ou *Spores*.

4.

constitués par des feuilles et des filaments radiculaires ou *rhizoïdes*, et ce n'est qu'après qu'ils ont atteint leur plein développement, que des rameaux, des sporanges et des anthéridies se développent à leur aisselle. Il arrive parfois que des amas cellulaires de forme arrondie apparaissent à l'aisselle des feuilles, et se détachent de la plante-mère pour donner naissance en se développant à de nouveaux individus. Ils sont comparables aux *bulbilles* des plantes supérieures.

Si nous examinons la partie interne du bourgeon terminal qui forme l'extrémité libre de la tige, nous la trouvons formée d'une cellule nucléée unique, séparée des autres par une cloison transversale. Au-dessous de cette cellule terminale, nous en trouvons d'autres qui ont formé, en se divisant par des cloisons longitudinales, de nombreuses cellules plus petites. C'est le dernier nœud formé. Au-dessous se présente de nouveau une cellule unique, à la fois plus longue et plus large que la cellule apicale, c'est un entre-nœud. Il est suivi d'un nouveau nœud, composé de petites cellules plus nombreuses que dans le premier. Parmi les cellules périphériques de ce nœud, il en est qui s'accroissent, se segmentent et donnent ainsi naissance à des protubérances cellulaires, rudiments du premier verticille foliaire. En allant toujours vers l'extrémité inférieure de la tige, nous verrons les cellules des entre-nœuds s'allonger de plus en plus, mais sans plus se diviser. Les cellules nodales au contraire se multiplient par segmentation, mais ne s'allongent plus guère. A partir de la première, les cellules nodales surplombent l'entre-nœud, de façon à se trouver disposées autour de son équateur, et l'entourer ainsi complètement à l'extérieur. Et au fur et à mesure que la cellule internodale croît et s'allonge, les parties surplombantes du nœud augmentent de longueur et se divisent en cellules internodales et nodales, qui se disposent suivant une spirale et donnent ainsi naissance à la couche corticale.

Ainsi la plante entière n'est qu'un agrégat de simples cellules. Durant sa vie, de nouveaux nœuds, de nouveaux entre-nœuds se forment sans cesse à son sommet, au *point végétatif*. Les cellules internodales qui donnent naissance à la partie centrale de la tige ne subissent plus, une fois formées, de modifications importantes, à part un accroissement considérable dans le sens de la longueur. Les cellules nodales, au contraire, se segmentent en modifiant très peu leurs dimensions. C'est d'elles que procèdent les nœuds, la couche corticale et les appendices.

Dans toutes les jeunes cellules de *Chara*, nous

voyons un noyau de taille relativement considérable enfoui au milieu du protoplasma, lequel est immobile, entouré d'une membrane cellulaire anhiste et contient de la chlorophylle. Quand les dimensions de la cellule s'accroissent, il apparaît, au centre du protoplasma, une gouttelette d'un liquide aqueux. La portion périphérique dense du protoplasma qui reste appliquée contre la membrane cellulaire constitue un sac membraneux (*utricule primordial*) dans l'épaisseur duquel est contenu le noyau. Dans les grandes cellules, on peut, au moyen de l'alcool fort, détacher facilement l'utricule primordial de la membrane cellulaire et le faire se rassembler au milieu de la cellule.

De nombreux corpuscules verts, les *grains de chlorophylle*, sont enfouis dans la partie extérieure ou superficielle de l'utricule primordial. Leur nombre s'accroît par division, à mesure que la cellule s'agrandit. Ces grains de chlorophylle sont composés d'une matière protoplasmique qui renferme souvent des grains d'amidon et qu'imprègne le pigment vert.

Durant la vie, la couche de l'utricule primordial, qui, dans les grandes cellules, est en rapport avec leur contenu aqueux, est incessamment le siège d'un mouvement de rotation, tandis que la couche externe où sont les grains de chlorophylle est tout à fait en repos. Dans les grandes cellules, aussi longtemps qu'on peut apercevoir le noyau, on le voit entraîné dans ce mouvement de rotation.

L'*anthéridie* est un corps globuleux, presque sphérique, à parois épaisses, formées de huit pièces assemblées par leurs bords qui s'engrènent. Les quatre pièces qui composent l'hémisphère auquel s'attache le pédicelle de l'anthéridie sont quadrangulaires, les quatre autres triangulaires. Du centre de la face interne concave de chaque pièce s'avance dans l'intérieur de cette sphère creuse une sorte de courte protubérance, le manche ou *manubrium*. A l'extrémité libre du manubrium est un corps arrondi, le *capitule*, qui porte lui-même 6 *capitules secondaires* plus petits. A chacun des capitules secondaires s'attachent quatre longs filaments divisés par des cloisons transversales en une foule (100 ou 200) de petites chambres. Il peut y avoir de la sorte de 20 000 à 40 000 chambres dans chaque anthéridie ($8 \times 6 \times 4 \times 100$ ou $\times 200$). Les diverses pièces dont est composée la paroi de l'anthéridie, le manubrium, les capitules, les capitules secondaires et les petites chambres des filaments sont des cellules modifiées. On peut s'en assurer en suivant le développement de l'anthéridie, depuis son origine comme simple bourgeon de la région nodale, jusqu'à sa complète formation. Les cellules des filaments ressemblent tout d'abord aux autres cellules, mais, dans chacune d'elles, le protoplasma se convertit graduellement en un corps filamenteux, plus gros à une de ses extrémités qu'à l'autre et enroulé en spirale comme un tire-bouchon. De l'extrémité amincie partent deux longs cils. Au moment où se produit la déchirure des cellules, les anthérozoïdes sont mis en liberté, et se meuvent rapidement, la petite extrémité en avant, au moyen de leurs cils vibratiles. Ces anthérozoïdes correspondent aux *spermatozoïdes* des animaux et représentent l'élément mâle des *Chara*.

Les *sporanges* ou *fruits sporifères* (*oogemmes*) sont portés par un court pédicelle dont l'extrémité supporte au centre une grande cellule ovale. Cinq rangées de cellules disposées en spirale environnent cette dernière et laissent entre elles un passage au sommet du sporange. Une fois mûres, les anthéridies éclatent, leurs anthérozoïdes sont mis en liberté et nagent dans l'eau environnante. Quelques-uns d'entre eux franchissent l'orifice du sporange, et, selon toute probabilité, percent le sommet libre de la cellule ovale du centre et se confondent avec son protoplasma; on n'a cependant pas suivi toutes les étapes de ce processus d'imprégnation. Il en résulte, toutefois, que le contenu

de la cellule centrale se charge d'amidon et d'huile
et que les cellules disposées en spirale, qui lui
forment un revêtement, acquièrent une couleur
foncée ainsi qu'une consistance ferme. Alors le
sporange se détache spontanément et tombe dans
la vase.

Au bout d'un certain temps, il germe ; un prolongement tubulaire, semblable à une hypha, se
produit à l'extrémité où se trouve l'orifice et donne
presque immédiatement naissance à ce qui est la racine primitive (voyez plus loin le développement
de la spore de la fougère). Ce prolongement en
forme d'hypha s'allonge et se divise transversalement en cellules dont le protoplasma se charge
de chlorophylle. Bientôt après, ce *proembryon*
cesse de s'accroître. Mais une des cellules qui se
trouve à une faible distance de l'extrémité libre du
proembryon bourgeonne et donne ainsi naissance
à une série de feuilles (non disposées en verticille).
Au milieu d'elles apparaît un bourgeon qui a la
structure du bourgeon terminal de la tige adulte
des *Chara*, et qui forme en se développant une
nouvelle *Chara*.

Nous avons donc dans la *Chara* un exemple de
plante *acrogène* (ou s'accroissant par le sommet)
qui se segmente en articles en développant de distance en distance des appendices le long d'un axe,

qui se multiplie par voie asexuelle au moyen de bulbilles , et se multiplie également par voie sexuelle, au moyen des anthérozoïdes (éléments mâles) et des cellules centrales des sporanges (éléments femelles); dans laquelle le premier produit de la germinative de l'œuf (*oosphère*) imprégné est un corps en forme d'hypha, lequel donne lui-même naissance à la jeune Chara par la germination et l'accroissement d'une de ses cellules; de telle façon qu'il y a là en quelque sorte alternance de génération, quoique l'on ne puisse absolument distinguer l'une de l'autre les formes alternantes.

La *Chara* prospère dans l'eau des ruisseaux sous l'influence des rayons solaires, et au moyen de la chlorophylle, de telle sorte qu'il s'accomplit chez elle les mêmes phénomènes nutritifs que chez le *Protococcus*. Comme elle est complètement plongée dans l'eau et ne présente rien d'analogue à des vaisseaux ou à un tissu vasculaire, il est probable que toutes ses parties absorbent et assimilent les matières nutritives contenues dans l'eau, et qu'à l'exception des organes reproducteurs, une différenciation morphologique des organes accompagne une différenciation physiologique correspondante.

La *Nitella* est une plante plus difficile à rencontrer que la *Chara*, et de structure plus simple, car son

axe est dépourvu de couche corticale. A d'autres
égards, elle ressemble complètement à la Chara,
et on se rend d'ailleurs plus facilement compte de
sa structure.

[Les *Characées*, ou plantes voisines des genres *Chara* et
Nitella, se trouvent dans toutes les parties du monde, et
sont, à beaucoup d'égards, étroitement alliées aux Algues,
ou plantes aquatiques. Mais les Algues n'ont pas d'axe et
d'appendices d'une structure analogue, ou bien se développant de la même façon; leurs organes reproducteurs ne
sont pas non plus semblables. Les anthérozoïdes des *Chara*
ressemblent en réalité à ceux des Mousses, desquelles d'ailleurs les *Chara* diffèrent pleinement sous tous les autres
rapports.]

MANIPULATION.

A. CARACTÈRES VISIBLES A L'OEIL NU.

Remarquez l'axe long et grêle (*tige*); les appendices verticillés (*feuilles*); les *nœuds* et les *entre-
nœuds;* la façon dont ces derniers diminuent de
longueur en s'approchant du sommet de la tige;
les *rhizoïdes*.

a. Les *racines :* petites; servent surtout à fixer
la plante qui pourvoit à son alimentation surtout
au moyen de ses autres parties, aux dépens des
substances en dissolution dans l'eau.

b. Les *feuilles :* leurs subdivisions (*folioles*);
leur forme, leur taille.... etc.

c. Les *sporanges* (*oogemmes*) et les *anthéridies :* leur position, leur taille, leur forme et leur couleur.

Dessinez une portion de la plante comprenant deux ou trois entre-nœuds.

B. Structure histologique.

a. La tige.

1. Examinez l'extérieur d'un entre-nœud frais avec un grossissement faible, au moyen d'une loupe de poche par exemple, pour voir la disposition en spirale des cellules corticales.

2. Maintenez un fragment de tige fraîche entre deux morceaux de carotte, ou bien fixez-le par inclusion dans la paraffine, et, au moyen d'un rasoir affilé, pratiquez-y des coupes transversales et longitudinales intéressant nœuds et entre-nœuds. Notez la grande cavité de la cellule centrale (*cellule médullaire* ou *internodale*), dans les entre-nœuds; les *cellules corticales* autour de la cellule médullaire; les *cellules nodales* et l'interruption de la cavité centrale dans les nœuds.

3. Examinez des sections analogues pratiquées sur des échantillons traités par l'alcool, et aussi des préparations obtenues par tige ayant macéré dans l'acide chromique à 0,2 0/0. Observez :

α. Les cellules nodales, internodales et corticales.

6. La paroi (*membrane*), la couche protoplasmique (*utricule primordial*), le noyau et la vacuole de chaque cellule (Le noyau n'est pas toujours présent dans les cellules âgées).

4. Examinez une coupe faite à travers une tige fraîche pour vous rendre compte des points de détail mentionnés en **B. a.** 3. β. On aperçoit difficilement le protoplasma et le noyau. Notez les granules de chlorophylle. (Voyez B. **b.** γ.)

5. Colorez des coupes d'une tige fraîche avec l'iode et la solution d'aniline : notez les résultats.

b. Les feuilles.

Examinez des échantillons frais et d'autres traités par l'aide chromique.

α. La grande cellule terminale non recouverte par d'autres.

β. Ensuite une série de cellules internodales, séparées les unes des autres et recouvertes par les cellules nodales : le protoplasma, le noyau, et la vacuole de chacune.

γ. La *chlorophylle* : rassemblée en grains de forme ovale et disposée de façon à laisser autour de chaque cellule une bande incolore oblique ; la position de ces granules dans la couche tout à fait superficielle du protoplasma.

δ. Les mouvements protoplasmiques (voy. *C*. **a.**)

c. **Le bourgeon terminal**.

Autant qu'il est possible, disséquez-le au moyen d'aiguilles sur des échantillons macérés dans l'acide chromique, et comprimez-le légèrement après l'avoir mis dans la glycérine. Notez dans les divers échantillons.

a. La cellule terminale ou apicale.

α. *La forme :* hémisphérique, la convexité de l'hémisphère est libre et sa surface plane attachée à la cellule située au-dessous.

β. *Structure :* membrane, protoplasma, noyau; pas de vacuole.

γ. Parfois deux noyaux : c'est l'indice d'une division qui va s'effectuer.

δ. Son mode de division : elle se divise par une cloison perpendiculaire à l'axe longitudinal de la tige et donne ainsi naissance à deux cellules nucléées superposées.

b. Le sort ultérieur des nouvelles cellules qui naissent successivement par segmentation de la cellule terminale; observez les faits suivants dans vos échantillons en descendant à partir de la cellule terminale :

α. Les nouvelles cellules sont successivement *nodale* et *internodale;* cette dernière grandit, se munit d'une grande vacuole, et en dernier lieu forme la cellule médullaire de l'entre-nœud ; elle ne se divise pas.

β. Les cellules nodales se divisent librement, et leur taille ne s'accroît guère; elles donnent naissance aux nœuds et aux cellules corticales.

c. Le développement des feuilles : par la multiplication et l'accroissement des cellules nodales.

d. Leur accroissement basilaire, la cellule foliaire terminale ayant bientôt atteint son plein développement et ne se divisant plus.

e. La formation des rameaux; aux dépens des cellules nodales situées à l'aisselle des feuilles, qui usurpent le caractère de cellules terminales.

d. Les sporanges (*oogemmes*). Examinez-les à l'état frais, avec un faible grossissement.

α. Ils sont composés extérieurement de cinq cellules tordues en hélice qui portent à leur sommet cinq cellules plus petites, non tordues.

β. Pratiquez des coupes dans des échantillons inclus, et examinez la préparation à un fort grossissement : remarquez la grande cellule centrale nucléée, les matières graisseuses et amylacées qu'elle contient; colorez par l'iode.

γ. Comprimez dans la glycérine quelques sporanges traités préalablement par l'acide chromique. Observez les points mentionnés plus haut (**d**, α, β.)

δ. Examinez de jeunes sporanges traités par l'acide chromique, et comprimez-les dans la glycérine : observez dans les plus jeunes échantillons les cinq cellules arrondies qui entourent une cellule centrale; dans les échantillons plus âgés, vous observerez l'élongation et l'enroulement des cellules externes, et la séparation en cinq cellules distinctes qui s'opère à leur sommet.

e. L'Anthéridie.

a. Examinez, à un faible grossissement, une anthéridie mûre (de couleur orange).

α. Observez les cellules, externes, dentelées.

β. Dissociez dans l'eau une anthéridie mûre et examinez la préparation à un fort grossissement; notez les cellules externes plates, dentelées, nucléées; les cellules cylindriques (*manubrium*) qui naissent perpendiculairement sur la surface interne de chacune d'elles; les cellules arrondies (*capitules*) à l'extrémité interne du manubrium; les six *capitules secondaires* attachés au capitule; les filaments allongés (d'ordinaire au nombre de quatre), qui procèdent de chaque capitule secondaire.

γ La structure de ces filaments; chacun consiste en une rangée unique de cellules, qui, dans les échantillons incomplètement mûris, sont remplies par un protoplasma nucléé; dans les échantillons plus âgés, chacune contient un *anthérozoïde* spiralé.

b. Les anthérozoïdes.

α. Leur forme et leur structure; renflés à un bout et granuleux, ils vont en s'effilant par degrés vers l'autre extrémité, qui est hyaline et pourvue de deux longs cils.

β. Les mouvements dans l'eau des anthérozoïdes arrivés à maturité.

[Souvent il arrive qu'on ne puisse se procurer des Chara alors qu'on rencontre des Nitella, un autre genre du même ordre naturel, d'aspect et de structure similaires. Toutes les particularités décrites plus haut pour les Chara s'appliquent de tout point aux Nitella, avec les différences suivantes : la couche corticale de la tige et des feuilles est absente, et dans les espèces les plus communes, la plante n'est pas encroûtée par un dépôt de sels calcaires; il part non pas un, mais deux rameaux d'un verticille de feuilles, et les cinq cellules tordues du sporange sont coiffées chacune de deux petites cellules au lieu d'une.]

C. MOUVEMENTS DU PROTOPLASMA DANS LES CELLULES VÉGÉTALES.

a. **Chara.** Prenez une cellule fraîche de Chara ou de Nitella d'apparence vigoureuse (par exemple la cellule terminale d'une feuille), et examinez-la dans l'eau à un fort grossissement. Fixez votre attention sur la couche superficielle du protoplasma qui renferme les grains de chlorophylle; elle est stationnaire : déplacez le foyer pour examiner la couche protoplasmique la plus profonde. Remarquez les courants dont elle est le siège; ils sont indiqués par le déplacement des grains de chlorophylle entraînés par eux; leur direction : elle est parallèle au grand axe de la cellule; d'un côté de cette cellule le courant se dirige vers le haut, de l'autre vers le bas.

Essayez de trouver le noyau; d'ordinaire il a disparu dans les cellules où les courants ont commencé à se produire, mais quand il existe, il subit passivement leur influence et se laisse charrier par eux. Il est parfois très difficile, en raison de l'encroûtement des cellules foliaires des characées, d'observer les mouvements protoplasmiques qui s'y produisent; si tel est le cas, on peut se servir à leur place des cellules manubriales d'une anthéridie.

b. **Tradescantia**. Examinez leurs poils staminaux dans l'eau, à un fort grossissement : ils consistent en une rangée de grandes cellules rondes, pourvues chacune de membrane, de protoplasma, de noyau et d'espaces vacuolaires. Remarquez le protoplasma; en partie il forme une couche (utricule primordial) qui tapisse la membrane et qui contient le noyau et en partie forme des brides qui traversent la cellule en divers sens; les unes partent des environs du noyau, les autres unissent ensemble diverses parties du protoplasma; observez les courants qui circulent dans ces brides; dans les unes ils partent du noyau, dans les autres, ils se dirigent vers lui.

c. **Vallisneria**. Prenez une feuille commençant à paraître àgée; séparez-la en deux couches à l'aide d'un scalpel bien affilé et montez-en un morceau dans l'eau; examinez la préparation à un fort grossissement. Notez les grandes cellules rectangulaires qui tapissent les couches profondes, avec les courants bien marqués qui s'y produisent et qui charrient des grains de chlorophylle en faisant le tour de la cellule.

Si les courants ne s'aperçoivent pas tout d'abord, chauffez légèrement la feuille en la plongeant quelques instants dans l'eau à une température de 30 à 35° C.

d. **Anacharis**. Prenez une feuille d'apparence jaunâtre : montez-la dans l'eau et observez à un fort grossissement; on observe les mêmes phénomènes que dans la Vallisneria. On les observe bien surtout dans la couche unique de cellules qui borde la feuille.

c. **Poil d'ortie.** Montez dans l'eau un poil d'ortie intact, avec le fragment de la feuille auquel il est attaché (il est essentiel que la portion terminale recourbée de la grande cellule qui forme le poil ne soit pas brisée); examinez avec le plus fort grossissement que vous pourrez, on apercevra dans la cellule des courants qui charrient de très fines granulations et dont la direction générale est celle de son grand axe.

CHAPITRE VII

LA FOUGÈRE

Pteris aquilina.

Les parties visibles de cette plante sont de grandes feuilles vertes ou *frondes*, qui partent du sol et s'élèvent parfois jusqu'à cinq ou six pieds de haut. Ces frondes consistent en un axe semblable à une tige ou *rachis*, d'où partent des ramifications disposées transversalement; celles-ci se subdivisent enfin en folioles aplatis ou *pinnules*. Le rachis de chaque fronde peut être suivi dans la terre jusqu'à une certaine distance. La portion souterraine acquiert une couleur brune, et finit par devenir un corps irrégulièrement ramifié, également de couleur brun foncé, communément appelé racine de la fougère, mais qui est en réalité une tige souterraine ou *rhizôme*. De la surface de ce dernier partent de nombreux filaments qui sont les vraies racines. En suivant le rhizôme dans un certain sens à partir du point où s'insère la fronde, on voit qu'il présente les parties basilaires desséchées des frondes qui se sont développées dans le cours des années précédentes et qui sont mortes; tandis que dans la direction opposée, il se termine, après un espace plus ou moins long, par une extrémité arrondie entourée de nombreux poils très fins qui est le sommet ou point végétatif de la tige. Entre l'extrémité libre et la fronde entièrement formée, on rencontre d'ordinaire un ou plusieurs appendices, rudiment des frondes qui doivent atteindre leur plein développement dans les années suivantes.

Les points d'insertion des frondes s'appellent les nœuds, et les espaces compris entre deux nœuds successifs, les entre-nœuds. On doit observer que les entre-nœuds ne se raccourcissent pas en approchant du sommet, et que celui-ci n'est en rien comparable au bourgeon terminal des *Charas*, avec ses nombreux appendices rudimentaires.

Lorsque les frondes ont atteint leur plein développement, on voit le bord des pinnules enroulé du côté de leur face inférieure, et bordé de nombreux filaments semblables à des poils qui s'abritent dans le sillon formé par le bord recourbé. Au fond du sillon, des corps granuleux de couleur brune sont assemblés de façon à former une rangée de chaque côté de la pinnule. Ces granules sont les *sporanges* et les corps formés par leur agrégation, les *sores*.

Examiné avec un verre grossissant, chaque sporange a l'apparence d'un sac qui serait formé de deux verres de montre unis par leurs bords épaissis. Mûr, il est brun, crève facilement et donne naissance à d'innombrables corpuscules qui sont les *spores*.

La plante que nous venons de décrire est composée d'une foule de cellules, ayant la même valeur morphologique que les cellules des *Chara* et dont chacune est constituée par une masse protoplasmique, un nucléus et une membrane de cellulose. Ces cellules modifient cependant beaucoup leur forme et leur structure, suivant les différentes régions du corps de la plante, et donnent naissance à des groupes de structures appelés *tissus*, dans chacun desquels les cellules ont subi des modifications spéciales; les tissus sont, jusqu'à un certain point, reconnaissables à l'œil nu. Ainsi une section transversale du rhizôme montre à la péripherie une zone circulaire de la même couleur brun foncé que l'*épiderme* extérieur, renfermant une substance fondamentale blanche, interrompue par des *bandes*, *taches* et *points* diversement disposés, dont quelques-uns possèdent la couleur brun foncé de la zone externe, tandis que les autres sont d'un jaune pâle tirant sur le brun.

Les points brun foncé sont semés sans ordre, mais la majeure partie des tissus brun foncé sont groupés en deux bandes étroites, situées à égale distance du centre et de la circonférence; les bandes sont parfois réunies à leurs extrémités. Entre ces deux bandes étroites, de couleur brun foncé, il y a ordinairement deux bandes allongées, ovales, de couleur jaune brun; et en dehors on trouve quantité de taches offrant la même nuance. Une d'entre elles est d'habitude beaucoup plus longue que les autres.

Une section longitudinale montre que chacune de ces taches colorées répond à la section transversale d'une bande de substance analogue, qui s'étend dans toute la longueur de la tige; parfois restant distincte, parfois donnant naissance à des branches qui vont rejoindre les bandes analogues, avec lesquelles elles peuvent d'ailleurs s'anastomoser.

Cependant, aux approches du sommet de la tige, la couleur de ces bandes s'affaiblit, et elles ne se dessinent plus que comme de simples traits qui finissent par disparaître ensemble dans la substance gélatineuse demi-fluide qui forme l'ex-

trémité en voie d'accroissement de la tige. Sou-
mise à l'examen microscopique, la substance fondamentale blanche ou *parenchyme* paraît consister
en grandes cellules polygonales, renfermant de
nombreux grains d'amidon ; et la zone périphérique est formée de quelques cellules allongées
dont les membranes épaisses ont acquis une coloration brun foncé et qui ne renferment que peu
ou point d'amidon. Les bandes brun foncé, d'autre
part, sont constituées par des cellules allongées
au point de mériter le nom de *fibres* et forment ce
qu'on appelle le *sclérenchyme*. Leurs membranes
sont très épaisses et de couleur brun très foncé ;
mais l'épaississement s'est effectué inégalement,
de façon à laisser de petits intervalles, courts,
obliques, qui ressemblent à des fentes. Les bandes jaunâtres, enfin, sont les *faisceaux vasculaires*. Chacun d'eux est constitué vers l'extérieur par
des cellules à parois épaisses, allongées, à faces
parallèles ; en dedans, se trouvent des tubes allongés dépourvus de protoplasma et qui souvent contiennent de l'air. Dans la plupart de ces tubes et
dans tous ceux qui ont un diamètre considérable,
les parois sont fortement épaissies et l'épaississement s'est effectué suivant des lignes transversales équidistantes. Les tubes se sont aplatis l'un
contre l'autre par compression mutuelle, de sorte

qu'ils sont à cinq ou six pans ; alors les ornements des parois aplaties figurent les barreaux d'une échelle, d'où le nom de *conduits* ou *vaisseaux scalariformes*. La cavité de ces vaisseaux scalariformes est interrompue de distance en distance, suivant la longueur des cellules qui les constituent, par des cloisons obliques, souvent perforées. Parmi les vaisseaux à lumière étroite, on en trouve un petit nombre où l'épaississement s'effectue suivant une spirale parfaite. Ce sont les *vaisseaux spiraux*.

Le rachis de la fronde, aussi loin qu'il s'éloigne de la surface du sol, est d'un vert brillant. Sur une section transversale il présente une substance fondamentale verte interrompue par des traînées irrégulières de couleur moins foncée qui sont la section transversale de bandes longitudinales semblablement colorées. Il n'y a ni taches ni bandes brunes. Au microscope, la substance fondamentale paraît composée de cellules polygonales renfermant de la chlorophylle. Ce tissu est revêtu d'un épiderme superficiel, dont les membranes sont épaissies de façon à former çà et là de petites ponctuations circulaires. Il s'ensuit que les parois de ces cellules, vues à angle droit avec l'axe de la vision, paraissent munies de ponctuations claires ; tandis que sur une section transversale des membranes, ces mêmes ponctuations apparaissent sous forme de dépressions infundibuliformes.

Les bandes de couleur claire sont des faisceaux vasculaires pourvus de vaisseaux scalariformes et de vaisseaux spiraux. La couche de tissu qui les entoure extérieurement est principalement formée de longues fibres creuses à parois très épaisses, terminées en pointe à chaque extrémité. Ces fibres sclérenchymateuses présentent des espaces clairs, obliques, ressemblant à des fentes, produits par l'interruption partielle de l'épaississement sur leurs parois.

Les faisceaux vasculaires, le parenchyme vert et l'épiderme se continuent dans chaque pinnule de la fronde. A la partie supérieure de la pinnule, l'épiderme garde ses caractères habituels, sauf que les contours des cellules qui le composent sont parfois irréguliers. Sur la face inférieure, il se développe plusieurs poils et les cellules modifient singulièrement leur forme, leurs membranes développent des lobes qui s'engrènent avec les productions similaires des cellules voisines.

Entre plusieurs de ces cellules se trouve un espace ovale formant un canal ou communication entre l'intérieur de la fronde et l'extérieur. L'ouverture de ce conduit est surmontée par deux cellules réniformes, qui tournent leurs concavités l'une vers l'autre, tandis que leurs extrémités sont en contact. L'espace laissé libre par les deux concavités qui se regardent ainsi est un *stomate*, et comme il y a un nombre immense de *stomates*, il s'ensuit qu'il existe de libres communications entre l'atmosphère ambiante et les méats intercellulaires qui se trouvent dans la substance de la feuille. Les cellules du parenchyme vert de la fronde qui, à la partie inférieure de celle-ci, occupe en réalité la moitié de son épaisseur, sont irrégulièrement allongées, et souvent pourvues de plusieurs prolongements ou étoilées. Elles ne sont en contact avec les cellules adjacentes que par une étendue relativement peu considérable de leur surface, ou par l'extrémité de ces prolongements. Ainsi se forment ces détroits entre les cellules, ces méats intercellulaires, qui sont remplis d'air et communiquent les uns avec les autres par des interstices étroits, et s'étendent à travers toute la plante.

Les faisceaux vasculaires se continuent dans les pinnules et suivent dans leur cours les *nervures*, qui sont visibles à leur surface et que les vaisseaux accompagnent dans leurs dernières ramifications.

Les racines présentent à l'extérieur une couche épidermique qui revêt un parenchyme traversé

par un faisceau vasculaire central. Leur croissance longitudinale s'opère par les segmentations
répétées des cellules qui constituent le point végétatif, mais ce point ne se trouve pas en réalité à
la surface de la racine, comme le point végétatif
terminal du rhizôme; il est au contraire recouvert
par une coiffe formée de cellules.

Les spores germent lorsqu'elles sont semées
sur la terre humide, sur une brique, ou sur une
lame de verre, et qu'on entretient autour d'elles la
chaleur et l'humidité. Chacune donne naissance à
un prolongement tubulaire, semblable à une
hypha, qui développe lui-même tout près de la
spore un prolongement analogue, la *racine primitive*. En premier lieu, la production en forme
d'hyphas subit une segmentation transversale et
se transforme ainsi en une série de cellules. Alors,
à l'extrémité libre, les cellules se segmentent en
long aussi bien qu'en travers et donnent ainsi naissance à une expansion aplatie qui prend peu à peu
une forme bilobée, et s'épaissit en certains points
par la division de ces cellules suivant un plan
perpendiculaire à sa surface. Dans le protoplasma
de ces cellules il se développe des grains de chlorophylle qui donnent au disque bilobé une coloration verdâtre, tandis que de nombreuses fibres
radiculaires simples se développent à sa surface

inférieure et fixent la jeune plante qui a reçu le nom de *prothalle* ou *prothallium* à la surface du milieu sur lequel elle végète.

Le prothalle n'atteint pas le développement de la plante elle-même, et ne donne point directement naissance à une fougère telle que celle qui produit les spores. Au bout d'un certain temps, il s'y forme des proéminences arrondies ou avoïdes, par l'accroissement et la division des cellules qui se trouvent à sa partie inférieure. Certaines deviennent des *anthéridies*. Le protoplasma de chacune des cellules qu'elles renferment se transforme en anthérozoïdes, analogues à ceux des *Chara*, mais pourvus d'un plus grand nombre de cils. L'anthéridie éclate et les anthérozoïdes, s'échappant des cellules où ils étaient enfermés, marchent au moyen de leurs cils dans l'eau qui mouille la surface inférieure du prothalle.

D'autres proéminences acquièrent une forme qui se rapproche davantage du cylindre et ont reçu le nom d'*archégones*. Toutes les cellules situées dans l'axe du cylindre disparaissent, à l'exception de celle qui se trouve au fond de la cavité ainsi produite. C'est la *cellule embryonnaire*, et dans l'archégone complètement développée, on trouve un canal qui va du sommet de l'archégone à cette cellule. Les anthérozoïdes passent par ce canal pour venir imprégner la cellule embryonnaire.

Alors la cellule embryonnaire commence à se diviser, et donne ainsi naissance par segmentation à quatre cellules. A leur tour, les deux cellules situées au fond de la cavité de l'archégone se subdivisent et finissent par former une masse cellulaire en forme de bouchon qui s'enfonce et se maintient solidement dans la substance du prothalle. Des deux autres cellules qui elles-mêmes subissent la segmentation, l'une donne naissance au rhizôme de la jeune fougère, tandis que l'autre en devient la première racine. Il paraît probable que cette masse en forme de bouchon absorbe les matières nutritives du prothalle et supplée le rhizôme de la jeune fougère jusqu'à ce qu'il puisse lui-même pourvoir à ses besoins. En grandissant, et en produisant ses frondes, le rhizôme atteint une taille bien supérieure à celle du prothalle, qui à la longue perd toute importance fonctionnelle et disparaît.

Nous avons ainsi dans la *Pteris* un cas remarquable de génération alternante. L'organisme volumineux et compliqué communément appelé « Fougère », est le produit de l'inprégnation de la cellule embryonnaire par l'anthérozoïde. Cette « Fougère », une fois à l'état adulte, développe des sporanges; et les cellules contenues dans ces sporanges donnent, par un processus de segmentation tout à fait asexuel, naissance à des spores. Les spores mises en liberté germent; le produit de leur germination est un prothalle très petit et simplement cellulaire; un organisme indépendant qui se nourrit et s'accroît à l'aide de ses propres ressources, et sur lequel on voit enfin se développer les organes essentiels de la génération sexuelle — des archégones et des anthéridies.

Chaque cellule embryonnaire ne donne par imprégnation naissance qu'à une seule « Fougère », mais chaque « Fougère » peut produire un nombre immense de prothalles, puisque chacune des nombreuses spores qui se développent dans l'innombrable quantité de sporanges auxquels la fronde donne naissance, peut germer.

MANIPULATION.

A. La fougère; génération asexuée.

a. Caractères extérieurs.

a. La tige souterraine brune ou *rhizôme*, avec une bande brillante (*la ligne latérale*) de chaque côté dans toute sa longueur : ses *nœuds* et *entre-nœuds*.

b. Les *racines* qui naissent du rhizôme.

c. Les feuilles, ou frondes, prenant, de distance

en distance, naissance sur le rhizôme, le long des lignes latérales.

α. Les subdivisions multiples de la fronde : son axe principal (*rachis*); ses divisions primaires ou *pinnes;* ses divisions ultimes ou *pinnules.*

β. Les *sores;* petites taches brunes, qui bordent plusieurs pinnules à leur surface inférieure.

d. Les nœuds et entre-nœuds du rhizôme. L'absence, sur ce dernier, de bourgeon terminal.

b. Le rhizôme.

1. Coupez-le en travers et dessinez la section telle qu'elle vous apparaît à l'œil nu.

a. La couche externe, brune (*épiderme* et *sous-épiderme*); ce dernier s'amincit quelquefois, vis-à-vis des lignes latérales.

b. La substance d'un blanc jaunâtre (*substance fondamentale ou parenchyme*) qui forme la majeure partie de l'épaisseur de la section.

c. L'anneau interne, incomplet, de couleur brune (*sclérenchyme*), enfoui dans le parenchyme.

d. Les petites taches de sclérenchyme dont le parenchyme est parsemé en dehors de l'anneau sclérenchymateux principal.

e. Le tissu jaunâtre (*faisceaux vasculaires*), à l'intérieur et à l'extérieur de l'anneau de sclérenchyme.

2. Faites une section longitudinale ou rhizôme; répétez sur la surface de section les exercices indiqués en **b** 1. *a*, *b*, *c*, *d*.

3. faites une coupe fine transversale du rhizôme, montez-la dans l'eau et examinez-la à l'aide de l'objectif nᵒ 1.

a. La couche unique de cellules épidermiques fortement épaissies.

b. Les petits, opaques et anguleux contours des cellules sous-épidermiques (*sclérenchyme externe.*)

c. Les cellules parenchymateuse grandes, polyédriques, plus transparentes.

d. Les petits, opaques, anguleux contours des cellules du slérenchyme interne.

e. Les grands orifices des conduits et vaisseaux dans les *faisceaux fibro-vasculaires.*
Dessinez cette coupe.

4. Examinez avec l'objectif nº 5 :

a. L'*épiderme* : ses cellules à parois épaisses.

b. Le *parenchyme :* ses grandes cellules à mince paroi; leur membrane, leur protoplasma et leur noyau ; le grand nombre de grains d'amidon qu'elles contiennent.

c. Les diverses taches de *sclérenchyme*, constituées par des cellules anguleuses à parois épaisses.

d. Les *faisceaux vasculaires.* Notez pour chacun d'eux :

α. Extérieurement, une couche de cellules dépourvues d'amidon (*gaîne des faisceaux*). Elles appartiennent en réalité au parenchyme ou tissu fondamental.

β. En dedans de la gaîne des faisceaux, une couche de petites cellules parenchymateuses qui contiennent de l'amidon (*gaîne interne* ou *gaîne du liber*).

γ. A l'intérieur de cette dernière couche, se présente le *liber* du faisceau (*phloëme*). Il consiste à l'extérieur en deux ou trois couches de petites cellules rectangulaires à parois épaisses (*fibres libériennes*); vient ensuite une rangée unique de grandes cellules à parois minces (*vaisseaux libériens*) entre lesquelles se trouvent des cellules plus petites, également à paroi mince, pourvues de grains d'amidon (*parenchyme libérien*).

δ. En dedans du liber, on aperçoit les sections transversales des *vaisseaux :* remarquez leurs parois fortement épaissies, et leur grande cavité centrale qui ne renferme pas de protoplasma.

6

ε. Semées çà et là, dans les espaces que laissent entre eux les angles des vaisseaux, il y a de petites cellules parenchymateuses (*parenchyme ligneux*), lesquelles renferment des grains d'amidon.

Le *bois* ou *xylème* consiste en ε et en δ.

ζ. Traitez la préparation par l'iode : le protoplasma se colore en brun, les grains d'amidon en bleu très foncé, au point de rendre quelques cellules tout à fait opaques et souvent noires.

5. Faites une coupe mince, longitudinale, de la tige. Examinez-la en vous servant successivement des objectifs 1 et 5, et observez les divers tissus mentionnés dans les § 3 et 4.

a. L'*épiderme*, la couche sous-épidermique et le parenchyme, ressemblent beaucoup à ce qu'on voit sur une section transversale, sauf que les cellules sous-épidermiques paraissent plus allongées.

b. Le *sclérenchyme* paraît composé de cellules très-allongées, effilées à chaque extrémité.

c. Les faisceaux vasculaires ; notez dans chacun deux les faits suivants :

α. Les cellules de la *gaîne du faisceau* ressemblent beaucoup à ce qu'on voit sur une section transversale ; les fibres du liber sont allongées, avec des parois épaisses ; les cellules du paren-

chyme libérien sont un peu allongées ; les vaisseaux libériens présentent des ponctuations ou
pores irréguliers (*tubes cribreux*) ; les cellules de
l'étui libérien sont un peu allongées.

β. Les *vaisseaux* : tubes allongés, présentant à
de longs intervalles des cloisons transversales qui
les divisent en cellules séparées. On verra des
vaisseaux de deux sortes, savoir les *vaisseaux scalariformes,* avec les épaississement réguliers de
leurs parois, et les *vaisseaux spiraux*, moins nombreux que ces derniers, avec l'épaississement en
forme de spirale continue de leurs parois.

γ. Les cellules du *liber* : sept ou huit fois aussi
longues que larges, et terminées obliquement à
chaque extrémité.

δ. Les cellules allongées plus grandes (4. *d.* δ.) :
elles ont des parois très légèrement ponctuées,
mais pas d'épaississements scalariformes.

6. [Coupez à l'extrémité en voie d'accroissement d'une
tige un morceau d'un demi-pouce de long, et après l'avoir
inclus dans la paraffine le sommet en bas, faites une série
de coupes transversales ; examinez-les au microscope, en
commençant par les plus éloignées du point végétatif.

Vous reconnaîtrez d'abord facilement les divers tissus
décrits dans les paragraphes 3 et 4 ; à mesure qu'elles s'approchent davantage du point végétatif, les sections sont
moins distinctes, et, tout près de ce point, on trouvera la
coupe tout entière composée de cellules parenchymateuses
étroitement unies entre elles.

c. La feuille. — Après avoir inclus une feuille dans la paraffine, détachez-en des tranches minces verticales. Examinez-les avec l'objectif n° 1. Vous verrez qu'elles sont essentiellement construites sur le même plan qu'une feuille de fève (VIII).

d. Les organes reproducteurs.

1. Examinez un *sore* à un faible grossissement, sans lamelle. Il est composé d'un grand nombre de petits corps ovales, les *sporanges*.

2. Détachez quelques sporanges et montez-les dans l'eau. Examinez avec l'objectif n° 1 :

a. Leur forme : ce sont des corps ovales, biconvexes, portés par un court pédicule.

b. Leur structure : ils sont composés de cellules brunes, dont une rangée a des parois très épaisses et forme un anneau très distinct (*annulus*) autour du sporange.

c. Leur mode de *déhiscence* (voyez-le sur ceux des sporanges qui se trouvent tout ouverts) par une fente qui va d'un point où l'anneau est fendu en travers jusqu'au centre du sporange.

3. Faites éclater quelques sporanges en pressant sur la lamelle : examinez avec l'objectif n° 5 les spores mises en liberté.

a. Leur taille (mesurez-la).

b. Leur forme : quelque peu triangulaire.

c. [Leur structure : une membrane externe épaisse, une membrane interne mince, le protoplasma et le noyau : écrasez quelques spores par pression exercée sur la lamelle.]

B. LE PROTHALLE ; GÉNÉRATION SEXUÉE.

On peut se procurer des prothalles en semant quelques spores sur une lame de verre, et en les maintenant sous l'influence de la chaleur et de l'humidité pendant environ trois mois. Ce sont de petits corps vert foncé, d'apparence foliacée.

a. Le prothalle.

1. Transportez un prothalle sur une lame de verre, et montez-le dans l'eau, la face inférieure en dessus. Examinez avec l'objectif n° 1 :

a. Sa forme; expansion mince, réniforme, d'où naissent, surtout sur le bord concave, un grand nombre de filaments déliés (*radicules*).

b. Sa structure;

α. L'expansion foliacée; elle consiste dans presque toute son étendue en une couche unique de cellules polyédriques renfermant de la chlorophylle, mais, dans une région (coussinet) située un peu en arrière de la dépression où se trouve le point végétatif, elle a une épaisseur de plusieurs cellules.

β. *Les radicules;* composées d'une série de cellules sans chlorophylle.

c. Les *anthéridies* et les *archégones;* avec un objectif n° 1 les premières s'aperçoivent à peine. comme de petites proéminences de la surface inférieure de ces régions du prothalle qui n'ont qu'une couche de cellules, spécialement parmi les poils radiculaires; les dernières sont en partie enfoncées dans le coussinet.

b. Les organes reproducteurs.

On les trouve en examinant la surface inférieure du prothalle avec l'objectif n° 5.

1. *Les anthéridies.* Plus nombreuses au milieu des radicules et tout à l'entour.

a. *Leur forme;* petites éminences hémisphériques.

b. *Leur structure;* elles sont composées d'une couche externe de cellules renfermant quelques grains de chlorophylle, au travers desquelles on peut voir, suivant la période où elles en sont de leur développement, soit une *cellule centrale* unique, soit un certain nombre de cellules plus petites (*cellules-mères des anthérozoïdes*) qui proviennent de sa division : dans ces dernières cellules, on voit d'une façon peu distincte, sur des anthéridies mûres, des corpuscules en forme de tire-bouchon (*anthérozoïdes*).

2. *Les anthérozoïdes*. On en trouvera sûrement quelques-uns nageant çà et là dans l'eau si on examine un certain nombre de prothalles arrivés à maturité.

a. Petits corps en forme de tire-bouchons, ayant une extrémité renflée, l'autre effilée avec un grand nombre de cils. A la grosse extrémité de l'anthérozoïde, on trouve souvent attachée une masse arrondie qui contient des granulations incolores.

b. Traitez par l'iode ; ils se colorent et arrêtent leurs mouvements, ce qui rend leur forme plus distincte.

3. *Les archégones*. Faites des coupes verticales du prothalle passant à travers le coussinet, soit en y donnant simplement des coups de rasoir, soit en le maintenant avant de pratiquer les coupes, entre deux morceaux de carotte. Notez, dans les archégones :

a. Leur forme ; éminences en forme de tuyau de cheminée, avec une petite ouverture au sommet.

b. Leur structure. Chaque archégone est composée d'une couche de cellules transparentes dépourvues de chlorophylle, disposées sur quatre rangs et entourant une cavité centrale qui pénètre dans le coussinet formé par la partie épaissie du prothalle (**a,** 1. *b* α). Dans cette cavité se trouve, chez les jeunes archégones, une grande cellule basilaire, nucléée, granuleuse, avec deux ou trois petites cellules granuleuses (*cellules du col*), situées au-dessus d'elle dans la partie supérieure étroite de la cavité; dans les archégones plus âgées, cette partie supérieure est vide, et forme un canal qui conduit à la cellule basilaire.

4. Examinez la jeune fougère dans ses rapports avec le prothalle.

CHAPITRE VIII

LA FÈVE

Vicia faba.

Dans cette plante, que nous prenons ici comme exemple d'une plante à fleurs (*phanérogame*), on peut distinguer les mêmes parties que dans la fougère; mais l'axe est droit et consiste en une *racine* enfouie dans la terre et une *tige* qui s'élève dans l'air. Les appendices de cette tige, ou *feuilles*, naissent successivement de chaque côté des nœuds, et les entre-nœuds deviennent de plus en plus courts vers le sommet de la tige qui finit par un *bourgeon terminal.* Des bourgeons se développent aussi à l'aisselle des feuilles et quelques-uns d'entre eux croissent au point de devenir des branches qui répètent les caractères de la tige; tandis que d'autres, lorsque la plante atteint tout son développement, deviennent des pédoncules qui supportent des *fleurs.* Chaque fleur consiste en un *calice*, une *corolle*, un *tube staminal* et un *pistil* central. Ce dernier est terminé par un *style* dont l'extrémité libre est le *stigmate*.

Le tube staminal se termine par dix filaments, dont quatre plus courts que les autres. Ces filáments portent des corps ovales, les *anthères*, qui, à maturité, donnent issue à une fine poussière, constituée par de petits grains de *pollen*. Le pistil est creux et de petits corps, les *ovules*, sont attachés par de courts pédicules tout le long de son côté ventral ; autrement dit, ils sont disposés en série longitudinale et tournés vers l'axe. Chaque ovule consiste en un *nucelle* central conique entouré de deux membranes, une extérieure et une intérieure. Vis-à-vis du sommet du nucelle, ces membranes sont perforées d'un canal, le *micropyle*, qui conduit à la partie inférieure du nucelle. Le nucelle contient une cavité, le *sac embryonnaire*, dans lequel se développent certaines cellules, dont une est la *cellule embryonnaire* et les autres les cellules de l'*endosperme*.

Un grain de pollen déposé sur le stigmate émet un prolongement en forme d'hypha, le *tube pollinique*, qui s'allonge, passe à travers le style, et enfin atteint le micropyle de l'ovule. L'extrémité du tube pollinique pénètre dans la nucelle à travers le micropyle, et vient en contact intime avec le sac embryonnaire. Telle est la marche de l'imprégnation, dont le résultat est que la cellule embryonnaire se divise et donne naissance à un embryon cellulaire. Celui-ci devient une petite plante consistant en une *radicule* ou racine primitive, en deux feuilles primitives relativement grandes, les *cotylédons ;* et en une courte tige, la *plumule,* sur laquelle apparaissent bientôt des feuilles rudimentaires. Les cotylédons grandissent encore beaucoup relativement au reste de la plante, et les cellules dont ils sont formés s'emplissent d'amidon et d'autres matières nutritives. Le nucelle et les membranes de l'ovule s'accroissent de façon à s'adapter à la croissance de l'embryon, mais en même temps se recouvrent d'une enveloppe qui constitue le tégument de la graine. Le pistil grandit et devient le fruit, lequel, une fois complètement développé, se dessèche, se fend avec facilité dans toute sa longueur, ou bien se pourrit et met les graines en liberté. Chaque graine germe si elle se trouve dans des conditions convenables de température et d'humidité. Les cotylédons de l'embryon qu'elle contient se gonflent, font éclater le tégument de la graine, verdissent et apparaissent comme des *feuilles charnues de la graine.* Les matériaux nutritifs qu'ils contiennent sont absorbés par la plumule et la radicule. Cette dernière descend dans la terre et devient la racine, tandis que la plumule s'élève et devient la tige de la jeune plante. Le sommet de la tige garde pendant toute sa vie le caractère simplement cellulaire, qui caractérise d'abord l'embryon tout entier, et l'accroissement en longueur de la tige, en tant qu'il dépend de l'adjonction de nouvelles cellules , s'opère surtout, sinon entièrement, dans cette région.

Le sommet de la racine, d'autre part, donne naissance à une coiffe de la racine, comme dans la fougère.

Les feuilles cessent de croître par multiplication des cellules de leur sommet; une fois qu'elles sont formées, de nouvelles cellules naissent à leur base.

Les tissus dont se compose le corps de la fève sont semblables, dans leurs caractères généraux, à ceux de la fougère, mais le mode d'arrangement de ces tissus est différent chez les deux plantes. La surface de la fève est revêtue d'une couche de cellules épidermiques, en dedans de laquelle des cellules rondes ou polyédriques forment la substance fondamentale ou parenchyme de la plante. Ce parenchyme s'étend jusqu'au centre dans les parties jeunes de la tige et dans la racine, tandis que, dans les parties âgées de la tige, le centre est occupé par une cavité plus ou moins considérable, remplie d'air. Cette cavité provient de ce que le parenchyme central, une fois sa croissance achevée, se déchire par suite de l'agrandissement des parties périphériques de la tige. Plus près de la circonférence que du centre, se trouve un anneau de tissu ligneux et vasculaire, lequel, sur une section transversale, paraît divisé en faisceaux ayant la forme de coins, au moyen de bandes étroites de tissu parenchymateux. Ces bandes relient le parenchyme situé en dedans de l'anneau ligneux et vasculaire (moelle) à celui qui se trouve en dehors de cet anneau. En outre, chaque faisceau de tissu ligneux et vasculaire est divisé en deux parties, une interne et l'autre externe, par une couche très étroite de petites cellules à parois très minces, qui s'appelle la couche de *cambium*. Ce qui se trouve en dehors de cette couche appartient à l'*écorce* [1] et à l'*épiderme*, ce qui se trouve en dedans, au *bois* et à la *moelle*.

La grande différence morphologique entre l'axe de la fève et l'axe de la fougère consiste dans la présence de la couche cambiale. En réalité, les cellules qui la composent conservent la propriété

—

1. Malgré l'emploi fait ici de ce terme d'*écorce*, il est nécessaire de se rappeler qu'il ne désigne ni une région, ni une forme de tissu anatomiquement définis ; le liber, le cambium et le bois font tous trois partie d'un même tout qui est le faisceau.

de se multiplier et se divisent par des cloisons parallèles aussi bien que transversales à l'axe longitudinal de la tige et de la racine. Ainsi, du côté interne de cette couche de cambium, de nouvelles cellules s'ajoutent sans cesse au bois et contribuent de même de l'autre côté à accroître l'épaisseur de l'écorce. Aussi longtemps que ce phénomène se produit, la partie axile de la plante augmente de diamètre. Les plantes dans lesquelles se produit cette continuelle addition d'éléments à la face externe du bois et à la face interne de l'écorce, sont dites *exogènes*.

Au sommet de la tige, comme au sommet de la racine, la couche cambiale se continue avec les cellules, qui, en ces régions, demeurent susceptibles de division. Comme l'endroit de la plante où son diamètre transversal est le plus considérable se trouve à la jonction de la tige et de la racine, et que ce diamètre va en diminuant à partir de ce point à mesure qu'on s'approche des deux extrémités de l'axe ou sommets de ces deux organes, on peut dire que la couche cambiale a la forme d'un double cône. Et c'est là un trait caractéristique des plantes exogènes, d'avoir cette couche en forme de double cône, constituée par des cellules qui se divisent constamment, dont l'extrémité supérieure est libre au point végétatif du bourgeon terminal de la tige, tandis que son extrémité inférieure est recouverte par la *pilorhize* à la terminaison ultime de la racine principale.

Les éléments les plus caractéristiques du bois sont les vaisseaux ponctués et les vaisseaux spiraux. Ces derniers sont particulièrement abondants aux environs de la moelle. L'écorce contient les fibres allongées qui forment le *liber*; mais on ne trouve pas ici de vaisseaux scalariformes comme dans la fougère.

Il n'y a pas de stomates sur l'épiderme de la racine; on en trouve çà et là, sur l'épiderme de toutes les parties vertes de la tige et de ses apdendices; mais, de même que sur la Fougère, c'est à l'épiderme de la face inférieure des feuilles qu'ils sont le plus nombreux. Comme dans la Fougère, ils communiquent avec les méats intercellulaires, qui sont très larges dans les feuilles, et qui communiquent avec d'autres lacunes à travers toute la plante.

La différence entre une plante pourvue de fleurs, telle que la Fève, et une plante sans fleurs, telle que la Fougère, paraît très grande à première vue; mais on est arrivé à prouver que ces deux cas sont les termes extrêmes d'une série de modifications. L'anthère, par exemple, est strictement comparable à un sporange. Les grains de pollen répondent aux spores mâles de ces plantes sans fleurs, où les spores ont des sexes distincts, de telles spores donnant naissance à des prothalles qui ne produisent que des anthéridies, et d'autres à des prothalles qui ne développent que des archégones ; tandis qu'il est des végétaux qui, tels que les *Pteris*, produisent, sur un même prothalle, des organes des deux sexes. Ainsi le tube pollinique correspond au premier *prolongement en forme d'hypha* de la spore. Toutefois, dans les plantes phanérogames, le protoplasma du tube pollinique ne se segmente pas et ne se convertit pas en un prothalle, sur lequel naîtraient des anthéridies, lesquelles à leur tour produiraient et émettraient des corpuscules fécondants mobiles ou Anthérozoïdes ; il exerce son influence fécondante sans subir au préalable une semblable différentiation. Des termes moyens entre ces deux extrèmes nous sont fournis, d'une part par les conifères (chez ces plantes, le protoplasma du tube pollinique se divise en cellules, desquelles il ne naît pourtant pas d'anthérozoïdes), et d'autre part par certaines lycopodiacées chez lesquelles le protoplasma des spores mâles (grains de pollen) se divise en cellules qui ne forment pas de prothalle, mais donnent directement naissance à des anthérozoïdes.

D'autre part, le sac embryonnaire est équiva-

lent à une spore femelle ; les cellules endospermi-
ques, produites aux dépens d'une partie de son
protoplasma, répondent aux cellules du prothalle,
tandis que la *cellule embryonnaire* des plantes phanérogames correspond à la *cellule* embryonnaire
contenue dans l'archégone du prothalle. Toutefois, dans le développement de la spore femelle
des phanérogames, le prothalle libre et l'archégone
sont supprimés. Ici encore, des états intermédiaires
nous sont présentés par les conifères et les lycopodiacées. Dans les conifères, le protoplasma du
sac embryonnaire donne naissance à un endosperme solide semblable à un prothalle, dans lequel se forment des corps ou *corpuscules*, analogues
aux archégones, et dans lesquels naissent les cellules embryonnaires. Dans certaines lycopodiacées,
il y a des spores femelles distinctes des spores
mâles, et le prothalle qui se forme à leurs dépens
n'abandonne pas la cavité de la spore, mais y
reste comme un endosperme.

Les phénomènes physiologiques qui se passent
dans les plantes vertes supérieures, telles que la
fougère et la fève, sont les mêmes en somme que
dans le Protococcus et la Chara. Ces plantes croissent et fleurissent si leurs racines sont immergées
dans l'eau contenant certaines matières salines en
proportions convenables, tandis que leurs tiges

et leurs feuilles sont exposées à l'air et subissent l'influence des rayons solaires.

La Fève, par exemple, peut très bien se développer, si ses racines sont plongées dans une solution aqueuse diluée de nitrates de calcium et de potassium, de sulfates de potassium et de fer, et de sulfate de magnésium. En croissant, elle absorbe la solution, dont l'eau s'évapore en majeure partie par la grande surface exhalante de la plante. Sous l'action de la lumière solaire, elle décompose rapidement l'acide carbonique, fixe le carbone, et met en liberté l'oxygène; la nuit, elle absorbe une petite quantité d'oxygène, et donne de l'acide carbonique. Elle fabrique une grande quantité de composés protéiques, de la cellulose, de l'amidon, du sucre et des matières analogues, à l'aide des matériaux bruts qui lui sont fournis.

Il est par conséquent très clair, puisque la décomposition de l'acide carbonique ne se fait que sous les influences combinées de la chlorophylle et de la lumière solaire, que cette opération doit être confinée dans toutes les plantes ordinaires, aux tissus situés immédiatement au-dessous de l'épiderme, dans la tige et aux feuilles. On peut prouver expérimentalement que les feuilles vertes fraîches possèdent cette propriété à un degré remarquable.

D'un autre côté, il est clair que, si la plante s'accroît dans les conditions indiquées, les matériaux nutritifs azotés et minéraux ne peuvent arriver aux feuilles, qu'en passant des racines, où ils sont absorbés, à travers toute la tige, pour arriver jusqu'aux feuilles. Et quelles que soient les régions de la plante où les substances azotées ou minérales arrivant des racines se combinent avec le carbone fixé par les feuilles, le composé qui en résulte doit se diffuser de ces régions jusqu'aux cellules profondément situées, telles que les cellules de la couche cambiale et des racines, qui doivent aussi s'accroître et se multiplier, quoique n'ayant pas la propriété d'extraire le carbone de l'acide carbonique. En fait, ces cellules qui ne contiennent pas de chlorophylle et ne subissent pas l'influence de la lumière, doivent vivre à la façon des *Torulas*, et fabriquer leur protéine à l'aide de matériaux qui contiennent de l'azote et de l'hydrogène, avec de l'oxygène et du carbone, sous une autre forme que celle d'acide carbonique. Cette analogie avec la Torula nous donne l'idée d'un liquide contenant en solution, soit quelques sels ammoniacaux comparables au tartrate d'ammoniaque, soit un composé analogue à la pepsine. Ainsi les plantes supérieures combinent en elles-mêmes les deux types physiologiquement distincts des Champignons et des Algues.

Il paraît par conséquent certain que la circulation des liquides doit s'opérer de cette façon dans le corps de la plante, mais les détails de la marche du phénomène ne sont pas aussi clairs. Il devient évident que l'ascension de ces liquides de la racine aux feuilles se fait, en grande partie, par les longs vaisseaux du bois, qui s'ouvrent fréquemment l'un dans l'autre par leurs extrémités en contact, et, de cette façon, forment des tubes capillaires très étroits d'une longueur considérable.

Le mécanisme au moyen duquel cette ascension s'effectue est de deux sortes : un appel d'en haut et une pression d'en bas. L'appel d'en haut est l'évaporation qui s'effectue à la surface de la plante, et spécialement dans les lacunes des feuilles, où les cellules à minces parois du parenchyme sont entourées presque de toute part par de l'air qui communique directement avec l'atmosphère moyen des stomates. La poussée d'en bas est l'action absorbante qui s'effectue à l'extrémité des radicules et qui, dans la vigne, par exemple, au printemps, avant que les feuilles n'aient poussé, fait monter rapidement le liquide (*sève*), absorbé dans le sol. Une certaine quantité du liquide ainsi aspiré des racines vers la surface de la plante, exsude, sans aucun doute, par les parois latérales des vaisseaux (l'exsudation est spécialement favorisée par les amincissements ou ponctuations dont sont pourvues les parois de ces éléments), et, passant de cellule en cellule, arrive enfin à celles qui contiennent de la chlorophylle. La distribution du composé, quel qu'il soit, contenant de l'azote et du carbone, s'effectue probablement par une diffusion légère de cellule en cellule.

L'arrivée de l'air, chargé d'acide carbonique, aux feuilles et à l'écorce, s'effectue par les grands et nombreux passages aérifères qui existent entre les cellules de ces régions. Cependant on ne peut mettre en doute que tout le protoplasma vivant de la plante ne subisse une légère oxydation, avec production d'acide carbonique, et que ce phénomène ne s'opère dans les cellules situées profondément. L'accès de l'oxygène nécessaire à cet effet est suffisamment favorisé, d'une part par les petites lacunes aérifères que l'on trouve entre les cellules dans tous les tissus parenchymateux, et d'autre part, par les vaisseaux spiraux des faisceaux ligneux, qui, dans les conditions normales, paraissent toujours contenir de l'air. Le remplacement de l'oxygène de l'air ainsi absorbé et l'éloignement de l'acide carbonique formé, seront suffisamment assurés par la diffusion gazeuse.

De ce que nous venons de dire, il résulte que, dans une plante ordinaire, croissant dans la terre humide et exposée à la lumière solaire, un courant liquide s'élève de la racine jusqu'à la surface en contact avec l'air. Là, l'eau qui entre dans la composition de ce liquide s'évapore en majeure partie; tandis que la diffusion gazeuse s'effectue en sens contraire en allant de la surface exposée à l'air, à travers les lacunes aérifères et les vaisseaux spiraux, qui conduisent des stomates aux radicelles. Dans cet échange, la balance penche en faveur de l'oxygène dans les régions de la plante qui contiennent de l'oxygène et sont exposées à la lumière solaire, et en faveur de l'acide carbonique dans les régions profondes et incolores de la plante. La nuit, comme l'évaporation diminue par suite de l'abaissement de la température, l'ascension du liquide s'effectue très lentement ou s'arrête, et la balance des échanges qui s'opèrent dans les lacunes aérifères est tout à fait à l'avantage de l'acide carbonique; et même les parties de la plante qui contiennent de la chlorophylle s'oxydent, tout en ne décomposant pas l'acide carbonique.

MANIPULATION.

a. Caractères généraux.

a. L'axe principal (*racine* et *tige*), central, droit.

b. Les *branches* : les unes répètent simplement l'axe principal, les autres sont modifiées et portent des fleurs.

c. **Les *nœuds*** et *entre-nœuds*.

d. Les *appendices*.

α. Radicules.

β. Feuilles proprement dites.

γ. Feuilles florales.

b. La racine.

a. Sa portion principale, centrale (*axe*).

b. Les *radicules* irrégulièrement disposées qui en partent.

c. L'absence de chlorophylle dans la racine.

d. La *coiffe de la racine*, couvrant chaque extrémité radiculaire ; dans la fève, il est difficile d'extraire du sol une racine intacte, mais on arrive à voir facilement la coiffe, si on examine les racines d'une *Lemna*, avec un objectif n° 1. Dans cette dernière plante, elle consiste en plusieurs couches de cellules qui forment un capuchon à l'extrémité de la racine, et se terminent brusquement de façon à former en cet endroit un bourrelet proéminent.

c. La tige.

1. Droite, verte, quadrangulaire, avec une crête à chaque angle ; herbacée ; les entre-nœuds vont en diminuant de longueur à mesure qu'on se rapproche du sommet.

2. Faites une section mince transversale de la tige intéressant un entre-nœud, notez sa cavité centrale et l'anneau blanchâtre de faisceaux fibro-vasculaires, plus dur à couper que le reste : montez la coupe dans l'eau et examinez avec un objectif n° 1 ; notez :

a. La *cavité médullaire* au centre de la section.

b. Les *cellules médullaires* autour de la cavité centrale ; grandes et plus ou moins arrondies (parenchyme) ; les parois en sont parfois pourvues de ponctuations dont la minceur varie avec les endroits.

c. L'*épiderme ;* composé d'une couche unique de cellules presque carrées qui ne contiennent pas de chlorophylle.

d. Au-dessus de l'épiderme, plusieurs couches de grandes cellules rondes contenant de la chlorophylle (*parenchyme cortical)*.

e. Les *rayons médullaires :* rangées rayonnantes de cellules parenchymateuses qui unissent *b* et *d :* ils ne sont pas entièrement continus, mais interrompus par la zone cambiale.

f. Les *faisceaux fibro-vasculaires*, situés entre les rayons médullaires; notez, en commençant par le côté le plus voisin de la moelle :

α. Les grandes ouvertures produites par la section transversale des trachées et des vaisseaux.

β. Les petites cellules ligneuses à paroi épaisse, serrées entre les vaisseaux. Ces deux sortes d'éléments (α et β) forment le bois ou xylème du faisceau.

γ. La *zone cambiale :* d'apparence granuleuse et composée de petites cellules anguleuses à parois minces.

δ. Le *liber* ou *phloëme.* Il présente intérieurement des cellules à minces parois de diverses grandeurs (*parenchyme libérien*) et les vaisseaux libériens ou vaisseaux criblés; plus extérieurement, il apparaît, sur une section transversale, composé de cellules arrondies avec des parois épaisses : ce sont les fibres libériennes. Dessinez la coupe.

3. Faites une coupe transversale intéressant un nœud et comparez-la avec la coupe d'un entre-nœud.

4. Faites une coupe longitudinale mince à travers une portion d'entre-nœud (il est nécessaire d'inclure tout d'abord le morceau de tige dans la paraffine), et montez-le dans l'eau ; puis, en allant de la cavité médullaire vers l'extérieur, notez les couches suivantes, en vous servant d'abord d'un faible grossissement :

a. Les cellules de la moelle : presque même apparence que sur une section transversale.

b. Les faisceaux fibro-vasculaires présentant :

α. Les *trachées :* tubes allongés avec un épaississement spiral de leurs parois.

β. Les *fibres ligneuses :* allongées, avec des parois très épaisses.

γ. Les vaisseaux ponctués ; ils ressemblent beaucoup aux trachées, mais l'épaississement de leurs parois n'a pas la forme d'une spirale.

δ. La *zone cambiale :* constituée par des cellules d'apparence confuse, petites, anguleuses, à parois minces.

ε. Le *parenchyme libérien :* cellules allongées à parois minces.

ζ. Les *vaisseaux libériens :* grandes cellules allongées avec cloisons obliques, perforées (*tubes criblés*).

η. Les *fibres libériennes*, fusiformes et à parois épaisses.

c. Cellules d'apparence plus parenchymateuse.

d. Epiderme : paraît composé de cellules cubiques incolores ; çà et là on peut apercevoir l'ouverture d'un stomate (**d**, 2, *d*, β).
Dessinez la coupe.

5. Comparez les sections transversale et longitudinale, en observant les parties correspondantes dans chacune.

6. A l'aide d'un fort grossissement, examinez avec soin chacun des tissus mentionnés ci-dessus.

7. Colorez par l'iode : notez les *parois cellulaires ;* le *protoplasma*, sa présence ou son absence, sa quantité relative dans les divers tissus ; les noyaux des cellules ; les grains d'amidon contenus dans quelques-unes d'entre elles, et qui se colorent en bleu par l'iode.

d. Les feuilles.

1. *Leur forme et leur constitution.*

a. Chaque feuille consiste en un certain nombre de parties distinctes, savoir :

α. Le *pétiole.*

6. Les *folioles*, attachés latéralement à la feuille au nombre de quatre à six.

γ. Les deux petites expansions foliacées (*stipules*) à la base du pétiole.

δ. La vrille rudimentaire qui termine le pétiole.

2. *La structure histologique d'un foliole.*

a. Enfermez un foliole dans la paraffine, ou bien maintenez-le entre deux morceaux de carotte ou de navet. Pratiquez-y des coupes minces perpendiculaires à sa surface. Laissez la coupe dans l'eau quelques instants pour chasser l'air de ses méats intercellulaires, puis montez-la dans l'eau et examinez-la avec l'objectif n° 1.

b. Commencez l'examen par la face supérieure; on la reconnaît à l'union plus étroite de ses cellules. En allant vers la face inférieure, vous remarquerez :

α. La couche épidermique incolore, consistant en une simple rangée de cellules, avec des ouvertures çà et là (*stomates*).

β. Au-dessous de l'épiderme de la face supérieure, viennent des cellules allongées perpendiculairement à cette face et qui contiennent de la chlorophylle.

γ. Viennent alors des cellules irrégulièrement ramifiées (étoilées) qui forment la moitié inférieure de la substance de la feuille et qui contiennent aussi de la chlorophylle.

δ. La couche épidermique de la face inférieure ressemble à α.

ε. Les espaces intercellulaires, dans toute l'épaisseur de la feuille : la communication directe de quelques-uns d'entre eux avec les stomates.

ζ. Çà et là des sections de *nervures*. Vous y remarquez les mêmes éléments qu'en c. 2. /.
Dessinez.

c. Traitez par l'iode : observez la membrane, le protoplasma (utricule primordial), le noyau et la vacuole des cellules ; les grains d'amidon.

d. Pelez sur une feuille un lambeau d'épiderme et observez-le à un faible grossissement ; notez :

α. Les grandes cellules étroitement unies, avec des bords irrégulièrement ondulés, qui ne contiennent pas de chlorophylle. Elles constituent principalement l'épiderme.

β. Les ouvertures (*stomates*) présentes çà et là ; les deux cellules recourbées, contenant de la chlorophylle, qui bordent chaque stomate.

e. Cassez avec précaution en deux une nervure médiane ; remarquez les filaments délicats qui relient les deux morceaux ; coupez-les avec une paire de ciseaux, montez la préparation dans l'eau et examinez-la avec l'objectif n° 2 ou n° 5. On trouvera qu'ils consistent en trachées partiellement déroulées.

e. La fleur.

1. La structure générale.

a. Portée sur un court *pédoncule*.

b. Composée de quatre rangées ou *verticilles* d'organes.

α. A l'extérieur, le *calice* vert, semblable à une coupe.

β. A l'extérieur du calice la *corolle*, c'est la partie la plus visible de la fleur.

γ. En dedans de la corolle, les *étamines*.

δ. En dedans des étamines, le *pistil*.

2. Le *calice*.

Coupe terminée à son bord libre par cinq pointes proéminentes, deux dorsales et trois ventrales. Les cinq petites nervures médianes qui le parcourent en se dirigeant chacune vers une de ces pointes sont l'indice des extrémités libres de cinq sépales, qui plus bas sont réunis.

3. La *corolle*.

a. Composée de cinq pièces ou *pétales*.

α. Du côté dorsal une seule grande pièce (*étendard*) étalée à son extrémité libre et pliée dans le reste de son étendue.

β. Des deux côtés, deux pièces ovales (les ailes attachées chacune par un *onglet* distinct, étroit).

γ. La partie inférieure de la corolle (*carêne*), composée de deux pièces ovales unies suivant leur bord inférieur, mais qui se séparent facilement

4. Les *étamines*.

a. Au nombre de *dix*, chacune d'elles consiste en une partie semblable à un pédicule, le *filet*, terminée par un petit renflement, l'*anthère*.

b. Les filets s'unissent dans les trois quarts de leur longueur pour former le tube staminal. Les filets sont légèrement courbés dans leur partie supérieure, au point où ils se séparent.

c. Écrasez une anthère sous l'eau et examinez avec l'objectif n° 5. Vous trouverez de nombreux :

α. *Grains de pollen*, petits corps ovales; on les voit en coupe optique sur un plan passant par leur équateur.

d. L'anthère d'une fève est si petite qu'on ne peut sans difficulté considérable y pratiquer des coupes; on peut toutefois se rendre compte de la structure d'une anthère de la façon suivante : l'anthère d'un *lis tigré* est incluse dans la paraffine ou maintenue entre deux morceaux de carotte. On en fait des coupes transversales qui sont montées dans l'eau et examinées avec un objectif n° 1.

α. Elle contient quatre chambres, deux de chaque côté du prolongement du filet, et dans chaque chambre on trouve de nombreux grains de pollen.

5 Le *pistil*.

a. On le découvre en ouvrant le tube staminal : c'est un long corps vert, effilé, légèrement aplati sur le côté et se terminant en un point qui porte une touffe de poils épais.

b. Ouvrez-le avec précaution, vous y verrez une cavité centrale, contenant un grand nombre de petits corps ovales, les *ovules*, qui s'insèrent tout le long de sa face ventrale par de courts pédicules.

c. Il est difficile de faire des coupes à travers un ovule de fève, mais on peut facilement se rendre compte de sa structure en pratiquant des coupes minces à travers l'ovaire d'un grand lis, dont les ovules sont enfouis dans une grande quantité de parenchyme, et en les examinant avec l'objectif n° 1.

α. La portion cellulaire centrale de l'ovule (*nucelle*), formée d'un grand nombre de cellules.

β. Ses deux membranes, une interne (*primine*), et une externe (*secondine*).

γ. Le petit pertuis (*micropyle*), qui s'étend à travers les deux membranes jusqu'au nucelle.

δ. Dans quelques échantillons, on voit dans le nucelle, vis-à-vis du micropyle, une grande cavité (le sac embryonnaire). Dans le sac embryonnaire, on peut apercevoir quelques cellules granuleuses (la *cellule embryonnaire* et les *cellules endosper-miques*).

f. Les graines.

1. Faites tremper des fèves sèches dans l'eau pendant vingt-quatre heures, elles se gonflent légèrement et sont plus faciles à examiner que sèches.

a. Notez la tache noire située à un bout de la fève, elle marque l'endroit ou s'insère le *funicule* qui l'attache à la gousse.

b. Après avoir essuyé la fève, pressez-la avec précaution en observant la partie de la tache noire voisine de l'extrémité la plus large du fruit. Vous apercevrez sur la tache une petite goutte de li-quide qui a été exprimée à travers une petite ouverture, le *micropyle*.

c. Pélez avec soin la membrane extérieure de la graine, vous verrez les deux grands cotylédons charnus.

d. Vous verrez le reste de l'embryon qui réunit les deux cotylédons : il consiste en une partie conique (la *radicule*), placée en dehors des cotylédons, avec son sommet dirigé vers le point où s'ouvre le micropyle, et en les rudiments de la tige et des feuilles (*plumule*) situés entre les cotylédons.

g. Marche de la fécondation.

Elle est difficile à suivre chez la fève, mais en se servant de diverses plantes pour l'observation des divers stades, on peut très bien en observer les phénomènes les plus importants.

1. Une plante commode pour voir la pénétration du tube pollinique dans le stigmate et le style est l'*Ænothera biennis*.

Détachez le style de la fleur et maintenez entre le pouce et l'index de la main gauche son stigmate en forme de massue. Mouillez-le avec une goutte d'eau et alors pratiquez sur lui une série de coupes au moyen d'un rasoir bien affilé. Vous diviserez ainsi le stigmate en plusieurs tranches. Portez-les dans l'eau, sur une lame de verre, au moyen d'une aiguille, et examinez les plus fines, après avoir recouvert la préparation d'une lamelle.

On voit les grains triangulaires du pollen émettre à un de leurs angles le tube pollinique qui pénètre dans le tissu du stigmate, et qui est facilement reconnaissable à sa coloration tranchant légèrement sur le reste.

2. L'entrée du tube pollinique dans le micropyle peut facilement s'observer dans quelques espèces de Véronique. La *Veronica Serpyllifolia,* que l'on trouve communément dans les clairières des bois, est bien adaptée à ce but. On prend une fleur dont la corolle vient à peine de tomber. On en sépare son petit ovaire, et, sous la loupe montée, on ouvre une de ses deux loges dans une goutte d'eau. On enlève la masse des ovules et on la dissocie avec précaution. Puis on la recouvre d'une lamelle et on examine avec un objectif faible jusqu'à ce qu'on trouve un ovule qui montre l'entrée du tube pollinique. L'addition de glycérine diluée rend l'ovule plus transparent, en sorte qu'au bout d'un certain temps on peut apercevoir le sac embryonnaire et suivre les progrès du tube pollinique dans l'ovule.

3. Le jeune fruit de la Campanule (surtout de la *Campanula media*) convient pour l'examen du sac embryonnaire. Il n'y a qu'à débiter le fruit en tranches minces et à les observer dans l'eau. Quelques coupes intéressent les ovules et permettent d'apercevoir le sac embryonnaire, et même, dans les coupes bien réussies, la vésicule embryonnaire et l'extrémité du tube pollinique en contact avec le sac embryonnaire.

CHAPITRE IX

LA VORTICELLE

La grande majorité des organismes animaux
plus complexes que l'*amibe* commencent leur
existence comme simples cellules nucléées, en général semblables aux *amibes;* et la cellule nucléée
unique, qui constitue l'animal tout entier dans sa
condition primordiale, se divise et se subdivise
jusqu'à ce qu'il se forme un agrégat de cellules
analogues. C'est par différenciation et métamorphose de ces éléments histologiques d'abord semblables entre eux que se forment les organes et
les tissus du corps. Dans le seul groupe des *Infusoires*, la masse protoplasmique qui constitue le
germe ne subit pas cette segmentation préalable;
mais la structure de l'animal adulte est le résultat
d'une métamorphose directe des parties différen-
tiées de sa substance protoplasmique. Ainsi, morphologiquement, le corps de ces animaux est

l'équivalent d'une cellule unique, tandis qu'au point de vue physiologique, il peut atteindre une grande complexité.

Les Infusoires abondent dans les eaux douces et salées et apparaissent dans la plupart des infusions animales ou végétales, que leurs germes soient contenus dans les substances infusées ou déposés par l'air. Leur dispersion est facilitée à un haut degré par la propriété que plusieurs d'entre eux possèdent de pouvoir se dessécher, et se réduire ainsi à l'état de poussière très légère sans que leur vitalité soit détruite; tandis que leur propagation rapide est due surtout à ce qu'ils se multiplient par division avec une rapidité extraordinaire dès que l'humidité ainsi que des aliments leur sont rendus. Ils sont pour la plupart libres et pourvus de longs cils qui, par leurs mouvements incessants et actifs, les font progresser dans le milieu où ils vivent; cependant il en est qui se fixent aux pierres, aux plantes, ou même sur le corps d'autres animaux. Quelques-uns sont parasites, et la vessie ainsi que les intestins de la grenouille sont infestés d'habitude de la présence de plusieurs grandes espèces.

Les *Vorticelles* sont des infusoires fixés d'ordinaire sur les plantes aquatiques au moyen d'un long pédicule, et assez souvent attachés aux

membres des crustacés aquatiques. Leur corps a
la forme d'un verre à boire au pied étroit et long,
pourvu d'un couvercle aplati en forme de disque.
La partie correspondante aux bords du verre est
épaissie, en quelque sorte retournée comme un
rebord, et richement pourvue de cils. De même
les bords du disque sont épaissis et ciliés. Entre
le bord épaissi du couvercle, ou *péristome*, et le
bord du disque, se trouve un sillon qui sur un
point devient plus profond et se transforme en
une large dépression, le *vestibule*. De là part un
tube étroit, l'*œsophage*, qui va jusqu'à la substance
centrale du corps et là se termine brusquement;
lorsque les matières fécales sont expulsées, elles
effectuent leur sortie par une ouverture qui se
forme temporairement dans le plancher du vestibule. La couche extérieure du corps, plus dense
et plus transparente que le reste, forme la *cuticule*. Immédiatement au-dessus de la cuticule,
le protoplasma est assez ferme et légèrement
granuleux : c'est la *couche corticale;* elle se confond insensiblement avec la substance centrale
qui est encore plus molle et plus fluide.

Quand la Vorticelle est tranquille, sa tige est
tout à fait droite; le péristome est relevé et les
bords du disque ne sont pas en contact avec le
péristome; alors le vestibule est largement ouvert

et les cils agissent vigoureusement; mais le moindre choc force le disque à se rétracter; alors le bord du péristome s'abaisse et se ferme, et le corps se ramasse sous la forme d'une boule. En même temps, la tige s'enroule en spirale et le corps est ainsi ramené jusqu'au point d'insertion de la tige. Si la cause de trouble continue à agir sur l'animal, l'état de rétraction persiste; mais, si elle disparaît, la tige se déroule un peu, le péristome se rouvre, et les cils reprennent leur activité.

A l'intérieur du corps, immédiatement au-dessous du disque, on voit apparaître à intervalles réguliers un espace coupé par un liquide clair, aqueux; cet espace s'agrandit peu à peu jusqu'à ce qu'il soit parvenu à son entier développement; alors ses parois se rapprochent et tout à coup il disparaît avec la plus grande rapidité. C'est la *vacuole contractile*. Communique-t-elle ou non avec l'extérieur? Quelle fonction remplit-elle? Autant de questions non résolues encore. Si la Vorticelle est bien nourrie, on voit dans la substance centrale molle du corps une ou plusieurs vacuoles aqueuses de forme sphéroïdale, contenant chacune une certaine quantité des aliments ingérés. En mêlant à l'eau dans laquelle les Vorticelles vivent une petite quantité de carmin d'indigo finement divisé, on pourra observer la façon dont se for-

ment ces vacuoles digestives. Les particules colorées sont attirées dans le vestibule par l'action
des cils du péristome et des parties adjacentes et
s'accumulent peu à peu à l'extrémité interne de
l'œsophage. Un moment après, cet amas de **granulations** est chassé dans la substance centrale du
corps, entraînant autour de lui une couche d'eau
comme enveloppe. Tout à coup cette eau s'en
sépare et devient libre dans la substance centrale
molle du corps sous la forme d'une galette sphérique.

Dans quelques Vorticelles, les vacuoles digestives ainsi formées subissent un mouvement de circulation : elles montent d'un côté à l'autre du
corps, parcourent en travers la face inférieure du
disque et redescendent de l'autre côté. Tôt ou
tard, le contenu de ces vésicules est digéré et le
résidu de la digestion passe dans le vestibule par
un orifice visible seulement au moment même de
l'expulsion des fèces et invisible à tout autre moment.

Une partie de la substance du corps dont la
transparence et les réactions vis-à-vis des matières
colorantes diffèrent légèrement du reste du corps,
s'appelle le *noyau* ou *endoplaste*. Il est allongé et
recourbé en forme de croissant ou de fer à cheval.

Les Vorticelles se reproduisent de deux manières : tantôt par *scission longitudinale*, dans ce cas la Vorticelle se fend par le milieu et chaque moitié acquiert la structure de l'animal entier ; tantôt par *gemmation* du *noyau*, alors l'endoplaste se divise et une ou plusieurs des petites masses arrondies ainsi formées deviennent libres et constituent des germes mobiles.

Il arrive parfois qu'on aperçoive un corps arrondi, entouré d'un anneau de cils, mais offrant d'ailleurs tous les caractères d'une Vorticelle, inséré à la base du corps en forme de cloche d'une Vorticelle ordinaire. On a d'abord émis l'hypothèse que ce sont là des bourgeons, mais ils paraissent être des individus indépendants qui se sont attachés d'eux mêmes à l'animal auquel ils adhèrent, et qui se fusionnent graduellement avec lui de telle sorte que les deux formeront bientôt un tout indistinct. Il est probable que cette conjugaison constitue un phénomène de sexualité.

Dans certains cas, la Vorticelle peut s'enkyster. Le péristome se ferme et la Vorticelle se convertit en un corps sphérique où l'on ne distingue plus que le noyau et la vacuole contractile. Elle s'entoure d'une enveloppe anhiste ou *kyste*, duquel, après y avoir passé en repos un temps plus ou moins long, la Vorticelle peut sortir pour reprendre son ancien mode d'existence. En passant ainsi par un état de repos temporaire, la plupart des Infusoires ressemblent à la *Vorticelle*.

Les deux genres d'Infusoires que l'on rencontre le plus communément dans la Grenouille sont le *Nyctotherus* et le *Balantidium*. Tout deux sont libres et se remuent activement. Le premier en particulier est remarquable par sa taille relativement considérable, sa forme de croissant, ainsi que par la longueur de son œsophage, d'ailleurs très visible. Le *Balantidium* est pyriforme et possède une très courte dépression œsophagienne.

MANIPULATION.

A. Examinez des racines de plantes aquatiques, des conferves,.... etc., avec un objectif n° 2 ou 3, en évitant de comprimer la préparation; si vous parvenez à trouver un groupe de Vorticelles, prenez un fort grossissement et notez les points suivants.

1. L'animal est dans l'état d'extension.

a. *Le corps.*

a. Sa taille (mesurez-la).

b. Sa forme; elle ressemble grossièrement à une cloche renversée; notez :

α. Le bord proéminent retourné (*péristome*).

β. Le *disque* central aplati qui s'élève au-dessus du péristome.

γ. Les *cils* qui bordent le disque.

δ. La dépression située entre le péristome et le disque.

ε. L'ouverture de la chambre (*vestibule*) où s'ouvrent la bouche et l'anus, dans la cavité située entre le péristome et le disque.

c. La structure.

α. La membrane externe, fine, transparente, homogène (*cuticule*).

β. La couche granuleuse (*couche corticale*) située en dedans de la cuticule. (Elle est finement striée en travers.)

γ. La portion centrale plus fluide, n'est pas séparée de β par des limites bien tranchées.

Les divers petits espaces clairs (*vacuoles alimentaires*) qui s'y trouvent, contiennent de petits corps étrangers qui ont été avalés (diatomées, Protococcus.... etc.)

δ. La vésicule contractile située juste au-dessus du disque, dans la couche corticale; sa systole et sa diastole.

ε. Le *noyau;* corps allongé, recourbé, situé dans la couche corticale, tantôt il est homogène, tantôt il présente des granulations distinctes; d'ordinaire on ne distingue pas le noyau avant d'avoir traité la préparation par l'iode (4).

ζ. *L'œsophage* apparaît tantôt en coupe optique transversale comme un espace clair arrondi, tantôt de côté comme un canal qui s'ouvre en haut au-dessous du disque et se termine brusquement en bas dans la substance du corps.

b. *Le pédicule.*

α. Sa longueur et son diamètre (mesurez-les).

β. Sa structure ; la couche extérieure homogène (*gaine*) se continue avec la cuticule ; la partie centrale (*axe*) est très refringente, généralement pourvue de granulations et se continue avec la couche corticale du corps de la Vorticelle.

2. L'animal est rétracté.

a. Le corps.,

α. Pyriforme ; arrondi par en haut ; on n'aperçoit ni disque ni péristome.

β. L'espace clair situé transversalement près du sommet est l'indice d'un intervalle entre le disque rétracté et le péristome enroulé. Dans cet espace on peut souvent voir les cils se remuer.

γ. Structure ; comme dans **1**, **a**, *c*.

b. Le pédicule ; enroulé en tire-bouchon.

3. Les mouvements de la Vorticelle.

Comparez surtout la régularité, la précision et

la rapidité de quelques-uns de ces mouvements
avec la lenteur et l'irrégularité des mouvements
de l'*amibe*.

a. Le mouvement des cils.

α. Examinez les cils avec soin ; ce sont des prolongements délicats, homogènes ; notez leur longueur, leur diamètre, leur forme, leur position.

β. Les cils se continuent avec la couche corticale.

γ. Fonction des cils ; leurs mouvements rapides,
ils se courbent et se redressent alternativement ;
leurs mouvements sont *coordonnés ;* ils agissent
dans un ordre précis ; notez les courants qui se
produisent dans l'eau environnante (il est nécessaire pour cela d'introduire sous la lamelle quelques particules de carmin) ; les petits corpuscules
sont entraînés dans l'œsophage.

b. Les mouvements de la vésicule contractile
(voyez III. A. 3 *c*).

Elle se distend et s'affaisse suivant un rythme
assez régulier (*diastole* et *systole*).

c. Les *courants* qui se produisent dans la partie
centrale du corps et qui font circuler les particules
avalées. (Comparez VI, C.)

d. Les mouvements de l'animal entier. (Objectif
n° 2 ou 3.)

α. Son extrême irritabilité; il se contracte à la plus légère stimulation, souvent même sans cause apparente.

β. Les mouvements qui se présentent dans la contraction : l'entortillement du pédicule, l'enroulement du disque ; rapidité de ces mouvements.

γ. Le mode de réexpansion : le pédicule se redresse d'abord, ensuite le péristome se retourne, enfin le disque et les cils font leur apparition.

4. Colorez par l'iode ou l'aniline : la cuticule est incolore, tout le reste se colore; le noyau surtout se colore fortement.

5. Traitez par l'acide acétique : le contenu disparaît bientôt, à l'exception pourtant de quelques-uns d'entre les corps avalés; la cuticule ne se dissout que plus tard ou même ne se dissout pas du tout.

6. Notez les points suivants dans les divers échantillons :

α. Multiplication par scission ; une Vorticelle est en partie scindée en deux par un sillon vertical qui part du disque.

β. Deux Vorticelles complètes sur un seul pédicule; cela résulte d'une scission complètement achevée. Une ceinture de cils se développe à la base d'une Vorticelle ou des deux.

[γ. Vorticelles non pédiculées nageant en liberté (vorticelles détachées de β.]

[δ. Conjugaison; une petite vorticelle nageant en liberté est attachée au côté d'une vorticelle pédiculée.]

[ε. Enkystement; le corps contracté a la forme d'une sphère et est entouré d'une couche épaisse anhiste; la vésicule contractile est d'une façon permanente en état de dilatation.]

B. On peut trouver avec les Vorticelles d'autres formes qui leur sont étroitement alliées et qui conviennent presque autant comme sujet d'étude. Ce sont :

a. Epistylis. Animaux en forme de cloche qui croissent sur un pédicule non contractile.

b. Carchesium. Forme très analogue à la vorticelle, qui croît sur un pédicule contractile ramifié.

c. Cothurnia. Forme souvent sessile, pourvue d'une coupe ou enveloppe dans laquelle la cloche peut se rétracter.

[L'activité avec laquelle se meuvent les infusoires libres empêche un examen complet de l'animal vivant. On fera bien par conséquent d'ajouter une goutte de la solution d'acide osmique à la goutte d'eau que l'on examine. Ce réactif tue instantanément les infusoires tels que la *Paramécie*, le *Nyctotherus* et le *Balantidium*, sans détruire les traits essentiels de leur organisation.]

CHAPITRE X

Hydra viridis et *Hydra fusca.*

Si, prenant une plante aquatique telle qu'une
lentille d'eau, on la place dans un verre et qu'on
laisse le tout quelque temps en repos, il arrivera
souvent de rencontrer, attachés à la plante ou aux
parois du verre, de petits corps d'apparence gélatineuse et de couleur brunâtre ou verdâtre. Ils ont
une longueur de 6 à 12 millimètres et sont de
forme cylindrique ou légèrement conique. De leur
extrémité libre partent un grand nombre de filaments délicats, souvent plus longs que le corps et
qui s'étendent dans l'eau en se contournant plus
ou moins. A peine tombés, ces filaments ou tentacules se raccourcissent et se rassemblent avec
le corps en une masse arrondie. Un moment après,
le corps contracté ainsi que les tentacules s'allongent et reprennent leur forme primitive. Ce sont

des *Polypes ;* ceux qui offrent la couleur brune appartiennent à l'espèce appelée *Hydra fusca*, les verts à l'espèce nommée *Hydra viridis*. Les polypes restent d'habitude attachés longtemps à un même point, mais ils peuvent se déplacer par un mouvement analogue à la reptation d'une chenille ; parfois enfin ils se détachent d'eux-mêmes de leurs supports et flottent au gré de l'eau.

Un petit animal, tel qu'une puce d'eau, vient-il en nageant au contact d'un de ces tentacules, il est aussitôt saisi par eux et amené par leur contraction à l'orifice d'une grande bouche située au milieu du cercle formé par la base des tentacules. Il passe dans la cavité qui occupe tout l'intérieur du corps ; les matières nutritives qu'il contient sont dissoutes et absorbées par la substance de l'hydre et les résidus impropres à la nutrition sortent ensuite par le chemin où ils sont entrés. De petits morceaux de viande que l'on approche des tentacules sont saisis, avalés et digérés de la même manière.

Quand l'hydre est bien nourrie, des productions en forme de bourgeons apparaissent sur la partie extérieure du corps. Elles grandissent peu à peu et prennent la forme d'une poire. A leur extrémité libre il se forme une bouche, et tout autour d'elle il se développe de petits prolongements qui deviennent des tentacules ; c'est ainsi qu'une jeune hydre procède de son parent par gemmation. Cette jeune hydre se détache tôt ou tard et mène une vie indépendante. Toutefois il arrive fréquemment que de nouveaux bourgeons se développent sur le parent en d'autres régions avant que le premier ne se soit détaché, et ces jeunes bourgeons peuvent eux-mêmes commencer à bourgeonner avant d'avoir atteint leur indépendance. De cette façon il se forme pour un certain temps des organismes composés. Des expériences ont montré que ces animaux pouvaient être coupés en deux ou en quatre et que chaque segment réparant ses pertes devient une hydre parfaite ; ce qui nous amène à croire que ce phénomène de scission se présente naturellement.

Les hydres se multiplient par bourgeonnement pendant la plus grande partie de l'année ; mais, pendant l'été, certaines productions apparaissent sur leur corps à la base des tentacules ou plus près de l'extrémité fixée du corps. Dans les premiers (*testicules*) il se développe un grand nombre de petits éléments dont chacun peut se mouvoir au moyen d'un cil vibratile et qui ensuite deviennent libres. Leur fonction est la même que celle des anthérozoïdes chez les plantes, et on les a appelés *spermatozoïdes*.

La proéminence qui se produit près de l'extrémité fixée du polype peut être simple, comme dans l'*Hydra viridis* (dans l'autre espèce il peut y en avoir jusqu'à huit). Elle devient beaucoup plus grande que le testicule et constitue l'*ovaire*. Il se développe à son intérieur une grande cellule unique ou *œuf*. Cet œuf, cellule nucléée volumineuse, se divise en deux segments après avoir été imprégné par les spermatozoïdes. Chacun de ces deux segments à son tour se divise en deux, et ainsi de suite jusqu'à ce que l'œuf se trouve constitué par une agrégation de nombreuses petites cellules embryonnaires. La masse des cellules embryonnaires ainsi formées s'entoure d'une membrane épaisse, ordinairement tuberculeuse ou épineuse, puis, se détachant du corps forme l'œuf qui donne naissance à une nouvelle hydre.

L'examen microscopique montre que le corps de l'Hydre est un sac dont la paroi est composée de deux membranes, l'une externe (*ectoderme*) et l'autre interne (*endoderme*). Les tentacules ne sont que des diverticules tubuleux de ce sac et par conséquent sont formés à l'extérieur par l'ectoderme et tapissés intérieurement par l'endoderme. L'ectoderme et l'endoderme sont formés tous les deux de cellules nucléées. Les cellules de l'ectoderme ont celles de leurs extrémités qui regardent l'intérieur du corps prolongées en forme de fibres délicates qui courent parallèlement au grand axe du corps le long de la surface interne de l'ectoderme. La couleur verte de l'*Hydra viridis* résulte de la présence de grains de chlorophylle enfouis dans le protoplasma des cellules.

Dans l'ectoderme comme dans l'endoderme, le protoplasma des cellules renferme des corps très remarquables appelés *capsules urticantes*, *cellules à filaments* ou *nématocystes*. Ce sont de petits sacs ovales, pourvus d'une paroi épaisse et élastique, et contenant dans leur intérieur un filament enroulé en spirale qui se déroule tout à coup à la plus légère pression et qui présente alors l'aspect d'un long filament attaché à la capsule et souvent pourvu à sa base de trois épines recourbées. C'est au moyen de capsules analogues que les méduses piquent si cruellement, à la façon des orties, quand on les touche ; aussi paraît-il juste de croire que les nématocystes des hydres exercent une influence nuisible du même genre sur les petits animalcules qui leur servent de proie.

Ainsi, l'*Hydre* est essentiellement un organisme cellulaire analogue aux plantes inférieures, mais qui en diffère au point de vue morphologique en ce que ses cellules ne sont pas entourées d'une membrane de cellulose, et, au point de vue physiologique, en ce que ses cellules ont besoin pour se nourrir de matière protéique toute formée. La fonction des grains de chlorophylle contenus dans l'endoderme de l'hydre verte, et des particules colorées en brun ou en orangé que renferme l'endoderme de l'autre espèce est complètement inconnue.

L'*Hydre* peut donc être comparée à un agrégat d'*amibes* qui se seraient disposées de façon à former un sac à double paroi et auraient déjà subi un commencement de métamorphoses.

Il est possible que les fibres longitudinales unies aux cellules de l'ectoderme soient spécialement contractiles et représentent les muscles ; mais, indépendamment de cela, chaque cellule a sa contractilité propre. On n'a pas encore trouvé de trace d'un système nerveux spécial, et la façon dont les différentes parties du corps de l'hydre combinent leur action pour un but commun, aussi bien dans la locomotion que dans l'acte de saisir une proie, n'a pas été élucidée.

L'*Hydre* ne possède aucun de ces appareils spéciaux que l'on appelle organes des sens ou glandes. La cavité du corps représente à elle seule un estomac et un intestin ; il n'y a pas d'organes de ciculation, de respiration ou de sécrétion urinaire. Les produits résultant de la digestion sont évidemment transmis par imbibition de cellule en cellule, et les produits de désassimilation des cellules exsudés directement dans l'eau environnante.

MANIPULATION.

1. Mettez dans un verre un peu d'eau avec des corps auxquels des Hydres soient attachées et placez le verre sur une fenêtre, mais sans l'exposer directement aux rayons solaires. Au bout de quelques heures, vous trouverez plusieurs Hydres qui se sont fixées du côté du verre tourné vers la lumière. Notez leur grandeur, leur forme, leur couleur, leur mode de fixation et leurs mouvements.

2. Au moyen d'une pipette, transportez une hydre sur le porte-objet dans une grosse goutte d'eau, recouvrez d'une grande lamelle et examinez avec l'objectif n° 1. Notez :

a. La forme.

α. *La base* (aussi appelée le *pied*) : disque aplati, plus étroit ou plus large que le corps suivant l'état d'extension de ce dernier.

6. Le *corps proprement dit* : cylindrique, de longueur et de diamètre très variables suivant l'état d'extension de l'animal; son extrémité libre conique, avec l'orifice (*bouche*) qui s'y trouve. Il

est souvent difficile d'apercevoir la bouche de cette façon, surtout dans l'Hydre verte. Cependant on l'aperçoit facilement en mettant une Hydre dans une goutte d'eau, sans lamelle, et en observant avec l'objectif n° 1, jusqu'à ce qu'elle présente son extrémité antérieure à l'observateur.

γ. *Les tentacules :* disposés autour de la bouche ; leur nombre et leur forme ; leur longueur et leur diamètre variable ; les petites protubérances qu'ils présentent.

δ. *Les testicules :* petites éminences coniques, incolores, situées au-dessous du point d'insertion des tentacules.

ε. L'*ovaire :* grande proéminence arrondie, incolore, située près de la base : il peut y en avoir plus d'un.

ζ. *Les bourgeons :* jeunes Hydres de taille variable et à divers états de développement, attachées sur les côtés de leur parent.

Soit δ, soit ε, soit ζ, ou bien encore tous les trois peuvent ne pas exister sur certains échantillons.

b. Structure.

α. L'animal est manifestement composé de deux couches, une extérieure, *ectoderme*, et une intérieure, *endoderme ;* dans l'hydre verte cette dernière couche contient de la chlorophylle ; l'ectoderme paraît extérieurement divisé en plusieurs compartiments, qui peuvent chacun se décomposer en cellules. Ces particularités sont pourtant difficiles à distinguer sur des échantillons frais.

6. La cavité du corps : il est difficile de l'apercevoir dans les Hydres vertes, mais on l'aperçoit facilement dans les brunes sous forme d'un trait central plus obscur que le reste et qui se continue avec la bouche; l'extension de la cavité du corps dans les tentacules. Remarquez les corpuscules qui flottent dans leur intérieur lorsqu'ils sont étendus.

c. Mouvements.

α. La *contractilité* générale de l'animal : sans cesse il étend ou raccourcit son corps ainsi que ses tentacules, et change continuellement de forme et de place.

6. Son *irritabilité;* une pression légère ou toute autre excitation le fait immédiatement contracter.

3. Examinez à un fort grossissement : essayez d'apercevoir les diverses cellules de l'ectoderme.

α. Grandes cellules nucléées presque coniques, avec l'extrémité la plus large tournée vers l'extérieur.

6. Cellules rondes plus petites occupant les espaces laissés entre les extrémités pointues des autres.

γ. Les *nématocystes* : petites capsules ovales, pourvues à leur intérieur d'un filament spiralé, dispersées dans l'ectoderme à l'intérieur des cellules qui le composent.

4. Si l'on traite la préparation par l'aniline, les cellules se colorent, elles émettent leurs nématocystes et les filaments de ces derniers sortent. Il y a trois formes principales de nématocystes :

α. Une capsule ovale pourvue d'un filament plusieurs fois long comme la capsule elle-même et attaché à l'une de ses extrémités, avec trois courtes épines qui partent en rayonnant de la base du filament.

β. Nématocystes plus petits, sans épines rayonnantes et avec un filament court.

γ. Cellules semblables à *6*, mais munies d'un filament bien plus long.

5. Montez par inclusion dans la paraffine une Hydre après l'avoir fait durcir dans l'acide chromique ou osmique [1] et débitez-la en tranches minces; ou bien, après avoir étendu sur une lame de

---

1. Si on met d'emblée une hydre dans un de ces liquides durcissants, elle se contracte presque toujours au point qu'il est difficile d'y pratiquer des coupes. Il vaut mieux la tuer de la façon suivante : on la plonge dans une quantité d'eau à laquelle on ajoute un peu d'eau bouillante. On obtient ordinairement de la sorte des hydres parfaitement étalées, et propres à être soumises au durcissement.

verre une Hydre préparée, pratiquez-y au moyen d'un rasoir des coupes transversales. Ayant réussi à obtenir par l'une ou l'autre méthode un certain nombre de coupes fines, montez-les dans la glycérine et observez :

α. Les grandes et les petites cellules de l'ectoderme avec leurs nématocystes, leur arrangement et leurs relations entre elles (§ 3).

β. Les cellules de l'ectoderme; grandes, nucléées, avec une base aplatie et une extrémité libre arrondie : leur disposition sur une seule couche.

γ. La couche peu épaisse (*couche musculaire*) intermédiaire à l'ectoderme et à l'entoderme.

δ. La cavité du corps.

6. Dissociez dans l'eau une Hydre traitée par l'acide chromique faible (à 1 0/0) ou par l'acide osmique; observez les différentes sortes de cellules décrites plus haut; remarquez les prolongements ramifiés qui procèdent des extrémités étroites des grandes cellules ectodermiques.

[7. Dissociez dans l'eau une hydre fraiche et observez les diverses formes de cellules. Remarquez les mouvements amiboïdes présentés par quelques-unes et le cil unique qui est attaché à d'autres (cellules de l'entoderme)].

8. Comprimez légèrement un testicule dans l'eau en pressant sur le couvre-objet et examinez à un

fort grossissement. Suivant son état de maturité, vous y trouverez contenu :

α. Une collection de petites cellules ectodermiques.

ϐ. Les mêmes ayant perdu leur noyau, et devenues hyalines.

γ. Cellules de tout point semblables à ϐ, mais pourvues d'un long filament.

δ. *Spermatozoïdes mûrs :* corps constitués par une tête ovale très petite à laquelle fait suite un filament très délicat, au moyen des mouvements duquel il nage dans l'eau environnante sitôt qu'il est mis en liberté. Il est souvent possible d'apercevoir des spermatozoïdes mobiles à l'intérieur du testicule intact.

9. Comprimez un ovaire ; suivant le point auquel son développement est arrivé, vous y trouverez :

α. De simples cellules ectodermiques, avec une prédominance inusitée de petites cellules.

ϐ. Au milieu des cellules semblables à α, une plus grande et plus brillante que les autres et pourvue à son centre d'une tache claire.

γ. Un amas assez considérable de protoplasma granuleux autour de cette cellule, le tout formant un corps consistant en une masse protoplasmique, dans laquelle se trouve une vésicule ronde et brillante contenant à son tour une tache ronde bien distincte.

δ. *L'œuf mûr :* consiste en un amas de protoplasma irrégulièrement ramifié (*vitellus*) au centre duquel se trouve un espace brillant (*vésicule germinative*), contenant elle-même un autre corps (*tache germinative*).

ε. *L'œuf segmenté :* composé d'un grand nombre de petites cellules. Il est enveloppé d'une capsule épaisse, rugueuse à sa partie externe.

CHAPITRE XI

LA MOULE D'EAU DOUCE

Anodonta Cycnæa

Sous le nom de « Moule d'eau douce » on comprend deux formes distinctes d'animaux que l'on rencontre souvent en grand nombre dans nos ruisseaux et rivières; savoir l'*Anodonte* et deux ou trois espèces d'*Unio*. Ici, l'*Anodonte* est prise spécialement comme objet d'études; mais, si l'on fait abstraction de la coquille, ce que nous en dirons peut s'appliquer de tous points à l'*Unio*.

L'animal est enfermé dans une coquille composée de deux pièces ou valves, qui sont latérales, ou droite et gauche, par rapport au plan médian du corps. L'extrémité large et arrondie de la coquille est antérieure, l'extrémité effilée postérieure. Mettons l'*Anodonte* dans un vase plein d'eau au fond duquel est disposée une couche suffisamment épaisse d'un fin limon ou de sable, l'eau étant d'ailleurs parfaitement limpide; l'*Anodonte* va enfoncer en partie dans cette vase son extrémité antérieure dirigée obliquement et en bas, tandis que le long du bord central, les valves s'écarteront légèrement. Le long des bords de cette ouverture de la coquille on voit apparaître les marges épaisses du *manteau*, partie du corps enfermé dans cette coquille, et entre elles un organe blanchâtre, charnu, en forme de langue, — le *pied* — qui fait souvent saillie et qui sert à perfectionner les mouvements lents dont l'*Anodonte* est capable. Si l'on jette dans l'eau, tout près de l'ouverture de la coquille, quelque matière colorante en poudre très fine, de l'indigo par exemple, on la voit disparaître attirée à l'intérieur de l'animal, tandis que, un moment après, un courant de cette même poussière sort d'un orifice situé entre les deux bords du manteau, au côté dorsal de l'extrémité postérieure du corps; — et ce double courant « inhalant » et « exhalant » durera aussi longtemps que l'animal sera en vie et que les valves seront écartées. Toutefois, à la moindre tracasserie, le pied se rétracte, s'il était déjà produit au dehors, ainsi que les bords du manteau, tandis que les valves se referment avec une grande force. D'autre part, sur l'*Anodonte* morte, les valves sont toujours ouvertes, et si on

les ferme de force, elles se rouvrent de nouveau.
La raison de ce phénomène est dans la présence
d'une bande élastique qui unit dans une certaine
étendue les marges dorsales des deux valves et
qui se tend lorsque les deux valves se ferment
avec force. Durant la vie elles se rejoignent ainsi
sous l'influence de la contraction de deux épais
faisceaux de fibres musculaires qui vont de la
face interne d'une valve à la face interne de
l'autre. L'un est situé à l'extrémité antérieure et
l'autre à l'extrémité postérieure du corps, ils s'appellent les *adducteurs antérieur* et *postérieur*.

On peut extraire l'animal de sa coquille sans
l'endommager, rien qu'en coupant ces muscles
près de leur insertion. Le corps affecte la symétrie
bilatérale; le pied procède du milieu de la surface
ventrale; la bouche est médiane et située dans
une dépression, qui est en rapport avec la surface
inférieure du muscle adducteur et l'insertion supérieure du pied. De chaque côté de la bouche, sont
deux lambeaux triangulaires dont les extrémités
libres sont pointues — les *palpes labiaux* — et
derrière eux, on voit de chaque côté deux organes
larges plats, dont les surfaces externes sont revê-
tues de stries verticales : ce sont les branchies.
Le tégument est mou et lisse dans la région
dorsale; il se prolonge de chaque côté de façon à

former deux larges replis, les lobes du *manteau*
ou *pallium*, qui adhèrent d'une façon intime à
la surface intérieure des valves de la coquille, et
se terminent, du côté ventral, par les bords épaissis que nous avons mentionnés plus haut. Ils se
rejoignent au-devant de la bouche, sur les côtés
ils sont unis avec les bords dorsaux des lames
branchiales externes; et en arrière, ils se prolongent au-dessus de la face dorsale du corps,
avant de se rejoindre enfin au-dessus et au devant
de l'anus, qui est petit, tubuleux, proéminent et
médian. Ainsi l'anus est enfermé dans une partie
de la cavité limitée par les lobes du manteau,
laquelle est relativement petite et s'appelle la
chambre cloacale; tandis que les branchies, le pied
et les palpes labiaux pendent dans la *chambre
branchiale* relativement grande qui occupe l'espace situé entre les deux lobes du manteau dans
le reste de leur étendue. C'est un prolongement
des bords de la première cavité qui donne naissance au *siphon anal* tubuleux que l'on voit chez
la plupart des lamellibranches; tandis que le
siphon *ventral* ou *branchial* est un prolongement
analogue des bords de la chambre branchiale.
Le siphon dorsal est le canal à travers lequel
passe le *courant exhalant*, tandis que le *courant
inhalant* traverse le siphon ventral.

Les courants sont produits et entretenus par l'action des cils qui abondent sur les branchies. Ces dernières sont perforées d'un très grand nombre de petites ouvertures et les espaces ou chambres comprises entre les deux lamelles dont chaque branchie est formée communiquent en haut avec la chambre cloacale. Les cils agissent de façon à conduire l'eau, dans laquelle vit l'animal, de la face externe de chaque branchie à son intérieur. Le courant passe donc de la chambre branchiale à la chambre cloacale.

Le courant d'eau qui est ainsi continuellement attiré dans la chambre branchiale charrie avec lui de petits organismes, *Infusoires, Diatomées*, etc.; beaucoup de ces petits êtres sont balayés dans la partie antérieure de la chambre branchiale, où s'ouvre la bouche, et sont propulsés par les cils qui bordent cette cavité dans l'intérieur du canal alimentaire. Ce dernier présente un œsophage court et large, un estomac entouré de follicules hépatiques et un intestin long et enroulé sur lui-même d'une façon assez compliquée. Enfin un rectum, situé sur la ligne médiane du côté dorsal du corps, traverse le péricarde et le cœur situés en cet endroit, et se termine par l'anus.

La bouche étant située en bas et en arrière de l'adducteur antérieur et le rectum passant au devant et en haut de l'adducteur postérieur, il est clair que le tube digestif, dans son ensemble, est situé entre les deux muscles adducteurs.

La digestion, c'est-à-dire la dissolution des matières protéiques et des autres matières nutritives contenues dans les aliments, s'effectue dans l'estomac et dans l'intestin, et le fluide nutritif ainsi formé transsude à travers les parois du tube digestif et arrive dans le sang contenu dans les vaisseaux qui entourent ce dernier. Ce sang est alors charrié dans un grand sinus qui occupe la ligne médiane du corps au-dessus du péricarde et entre les *organes de Bojanus* (voy. la Manipulation, § 5) et qui reçoit la plus grande partie du sang qui revient de toutes les parties du corps. De cette *veine cave* médiane partent des ramifications qui se distribuent aux branchies et forment sur elles un réseau vasculaire très riche. De ce réseau, naissent à leur tour des troncs vasculaires qui se dirigent vers le péricarde et s'ouvrent dans l'une ou l'autre des deux oreillettes du cœur, lesquelles communiquent avec le ventricule par des ouvertures munies de valvules. Le ventricule donne deux troncs aortiques dont l'un, *l'aorte antérieure,* se dirige en avant sur la ligne médiane au-dessus du rectum, tandis que l'autre se dirige en arrière au-dessous du rectum. De ces deux

troncs aortiques partent des branches qui se ramifient en branches plus petites pour se distribuer
aux différentes régions du corps et aux viscères et
se terminent enfin par des canaux qui correspondent aux capillaires des animaux supérieurs.

La cavité péricardique, dans laquelle le cœur
est logé, est située dans la moitié postérieure de
la région dorsale du corps. On peut voir battre
le cœur à travers la paroi dorsale très mince de
cette cavité; on le voit mieux encore en ouvrant
le péricarde avec précaution. Les oreillettes se
contractent d'abord et ensuite le ventricule; la
contraction ondulatoire de ce dernier s'aperçoit
beaucoup plus facilement. Les lèvres des orifices
auriculo-ventriculaires sont disposées de telle
sorte que le sang ne peut refluer en arrière dans
les oreillettes lorsque le ventricule se contracte
et est forcé de passer, soit en avant, soit en arrière, par les deux aortes. De là, il va aux capillaires et se rend de ces derniers à la veine-cave;
de cette dernière, il est charrié aux branchies, en
passant par les organes de Bojanus. Dans les branchies, il se débarrasse de son acide carbonique
et absorbe l'oxygène dissous dans l'eau où les
branchies sont plongées; enfin ce sang artérialisé
retourne au cœur.

Le cœur est donc aortique et chasse du sang

oxygéné dans les organes. La plupart des vaisseaux qui conduisent le sang de la veine cave aux branchies, traversent les parois de certains organes de couleur sombre, les *organes de Bojanus,* qui ont été mentionnés plus haut, et il est probable que c'est là que le sang se débarrasse de ses produits de décomposition azotés — le corps *de Bojanus* jouant, selon toute probabilité, le rôle d'un rein. La cavité de l'organe de Bojanus communique d'une part avec le péricarde, et de l'autre avec l'extérieur, par un orifice situé tout près de l'insertion de la branchie interne sur les parois du corps. Ainsi la cavité du péricarde communique en réalité avec l'extérieur, quoique par une voie détournée. Mais il communique aussi directement avec le système veineux au moyen de plusieurs petites ouvertures situées à la partie antérieure de son plancher. Il doit par conséquent contenir un mélange de sang et d'eau.

Le sang de l'*Anodonte* est incolore et contient en suspension des corpuscules incolores, de structure analogue aux globules blancs du sang de l'homme, et doués des mêmes mouvements amiboïdes.

Le système nerveux de l'*Anodonte* consiste en trois paires de ganglions jaunâtres : les ganglions *céphaliques*, à droite et à gauche de la bouche ; les ganglions *pédieux* placés dans le pied ; et les ganglions *pariéto-splanchniques* situés à la surface inférieure du muscle adducteur postérieur. Ils sont unis par des filets commissuraux qui mettent en rapport chaque ganglion céphalique avec son homologue et avec les ganglions pédieux et pariéto-splanchniques du même côté. Les seuls organes des sens que l'on ait découverts sont une paire de vésicules auditives, unies par des cordons nerveux avec les ganglions pédieux.

Les sexes sont distincts, le *testicule* et l'*ovaire* présentant ce caractère commun qu'ils sont des glandes en grappe occupant, à l'époque de la reproduction, une grande partie de l'intérieur du corps. De chaque côté est une de ces glandes qui s'ouvre par une petite ouverture tout près de l'orifice de l'organe de Bojanus.

La tête des spermatozoïdes est petite, courte, en forme de bâtonnet. Il s'y attache une queue longue, filamenteuse, active. Ces spermatozoïdes, rejetés en quantités énormes, sortent avec les courants exhalants.

Les œufs sont sphériques, et la membrane vitelline se prolonge sur un point en un tube incomplet court, sorte de gouttière à orifice terminal, le *micropyle*, par lequel, suivant toute probabilité, entrent les spermatozoïdes. Quand ils sont complètement formés, ces œufs s'échappent en grand nombre de l'oviducte et se logent dans les chambres formées par les branchies, surtout dans la branchie externe, que souvent ils distendent complètement.

Là ils éclosent et donnent naissance à des embryons qui diffèrent tellement du parent *Anodonte*, qu'on les a pris autrefois pour des parasites, et qu'on leur a donné le nom de *Glochidium*. L'embryon de l'Anodonte est pourvu d'une coquille bivalve. Chaque valve a la forme d'un triangle équilatéral et est reliée à sa base avec l'autre valve par un lien élastique qui tend à les écarter l'une de l'autre. Le sommet du triangle est fortement recourbé et se prolonge sous la forme d'une dent dentelée elle-même comme une scie, de telle sorte que, quand les valves se rapprochent, les dents sont directement tournées l'une vers l'autre. Le manteau est très mince et la surface interne de chacun de ses lobes présente trois papilles, terminées par de fins pinceaux de filaments semblables à des cheveux. Un orifice, qui semble être l'orifice buccal, est béant et ses bords sont richement ciliés. Il n'existe qu'un seul muscle adducteur et qu'un pied rudimentaire, dont procèdent un ou deux filaments anhistes, qui représentent le byssus de la moule marine. Ces filaments byssaux s'enchevêtrent l'un avec l'autre et servent à fixer les *Glochidiums* à leur place.

Au bout d'un certain temps, les larves d'*Anodonte* abandonnent le corps de leur mère et se fixent sur les corps flottants, très souvent sur la queue des poissons; dans ce dernier cas, elles enfoncent dans les téguments les pointes recourbées de leurs valves et se cramponnent par elles comme avec des pinces. Dans cette situation, ils subissent une métamorphose; les branchies se développent, le pied s'accroît, les vésicules auditives font leur apparition, et la jeune *Anodonte* finit par se dégager et par tomber dans son habitat ordinaire, dans la vase.

MANIPULATION.

1. A l'état naturel, on ne voit de l'animal que l'*exosquelette*, ou coquille; si cette dernière s'entr'ouvre, on peut apercevoir le bord de la membrane qui la tapisse (*manteau*). Séparez du manteau une des valves de la coquille en la rasant avec le manche d'un scalpel, et en coupant les deux corps épais (*muscles adducteurs*) situés à chaque extrémité de l'animal et qui vont d'une valve de la coquille à l'autre en les empêchant de s'écarter. Les deux valves ne sont plus unies que par leur ligament.

2. Forme générale et structure.

a. Dans l'animal dépouillé de sa coquille on peut distinguer :

α. Un *bord dorsal* qui regarde la charnière de la coquille et qui est presque droit.

ϐ. Un *bord ventral* courbe, opposé au bord dorsal.

γ. Une *extrémité antérieure* large.

δ. Une *extrémité postérieure* étroite.

ε. Un côté droit et un côté gauche.

b. Le manteau ou pallium.

α. Membrane bilobée demi-transparente, dont chaque lobe tapisse une valve de la coquille.

ϐ. La continuité des deux lobes du côté dorsal de l'animal ; leur séparation s'effectuant surtout du côté ventral où chacun possède un bord libre épais, jaunâtre.

γ. La coalescence des deux lobes du manteau, sur une longueur peu considerable, vers la partie postérieure de leur bord ventral.

δ. Les *siphons dorsal* et *ventral* rudimentaires, séparés l'un de l'autre au point (γ) où les deux lobes du manteau se réunissent. Ils sont indiqués chacune par une portion du manteau recouverte de courtes éminences filamenteuses. Le siphon dorsal est complètement fermé en dessous et forme une étroite fente ovale; le siphon ventral est ouvert en dessous et se continue avec la fente qui sépare les bords ventraux des deux lobes.

ε. *La chambre branchiale ou palléale :* retournez le bord ventral du lobe ou manteau que vous aurez débarrassé de la coquille : vous mettez ainsi à découvert une cavité dans laquelle donne accès le siphon ventral ainsi que la fente qui lui fait suite.

ζ. *La chambre cloacale :* passez une soie dans le siphon dorsal : elle entrera dans une petite chambre séparée de la chambre palléale par une cloison qui réunit la partie inférieure des deux branchies internes (c. β.)

c. Le contenu de la chambre palléale.

α. *Le pied :* grande masse jaunâtre, ayant presque la forme d'un soc de charrue, située sur la ligne médiane; le sommet est dirigé en avant et du côté ventral, vers la fente qui sépare du pied les deux lobes du manteau.

β. *Les branchies :* deux corps lamelleux situés de chaque côté du pied, mais s'étendant plus que lui en arrière : la branchie externe, de chaque côté, attachée au lobe du manteau ; la branchie interne, attachée au pied en avant, mais, plus en arrière, séparée de lui par une fente et derrière le pied, unie le long de la ligne médiane avec sa congénère pour former une cloison qui sépare la chambre cloacale de la chambre palléale.

γ. *Les palpes labiaux :* Une paire de petites proéminences triangulaires, situées de chaque côté en devant des branchies et à l'extrémité dorsale du bord antérieur du pied.

δ. *La bouche :* Chaque palpe labial rejoint son congénère sur la ligne médiane, et, entre ces sortes de lèvres, se trouve l'orifice buccal large.

d. Les muscles adducteurs antérieur et *postérieur :* en mettant en place le lobe du manteau que l'on a rejeté de côté tout à l'heure, on voit les extrémités ovales coupées des muscles adducteurs. On voit qu'ils traversent le manteau.

3. Maintenant, enlevez complètement l'animal de sa coquille, en détachant l'autre lobe du manteau de la valve à laquelle il est fixé, et en coupant les insertions des muscles adducteurs sur cette valve. On aperçoit alors mieux qu'on ne pouvait le faire auparavant le bord dorsal épais de l'animal et la continuité des lobes du manteau (2, **b,** .)

4. Le cœur.

a. Sur le bord dorsal de l'animal est un espace clair où le manteau est très mince et recouvre

une cavité remplie de liquide. Cette cavité est
le *péricarde*, et au travers de ses parois on peut
voir battre le cœur.

b. Fixez l'Anodonte dans l'eau entre deux morceaux de liège plombés ou de paraffine, de façon
à mettre son bord dorsal en dessus, un lobe du
manteau étant étendu sur chaque morceau de
liège et le pied ainsi que les branchies pendant
entre les deux morceaux. Alors fendez avec précaution la face dorsale du péricarde sans léser le
cœur.

c. Maintenant le *cœur* est mis à nu. C'est un
sac jaunâtre, transparent, présentant des contractions régulières et composé d'une chambre médiane et de deux chambres latérales.

α. Le *ventricule* ou chambre médiane ; c'est un
sac ovale qui se continue à chacune de ses extrémités par un gros vaisseau (*aorte antérieure* et
postérieure) ; une portion du tube digestif longe le
ventricule sur sa ligne médiane. Tous les parties
du ventricule ne se contractent pas en même
temps ; mais, d'une extrémité à l'autre de l'organe,
passe une sorte de contraction ondulatoire, analogue aux contractions péristaltiques de l'intestin chez les animaux supérieurs.

ϐ. *Les oreillettes ;* en déplaçant légèrement le

ventricule, on en voit une de chaque côté : elles ont chacune la forme d'un sac pyramidal et se rattachent au ventricule par le sommet de cette pyramide.

5. Les organes de Bojanus.

a. Sectionnez le canal alimentaire à la partie postérieure de la chambre péricardique et rejetez-le en avant ainsi que le cœur, afin de débarrasser le plancher du péricarde. On aperçoit alors un grand sinus veineux, la *grande veine cave*, qui longe la ligne médiane de ce plancher; à droite et à gauche de ce sinus, le plancher du péricarde est formé par la paroi d'un sac transparent (*portion non-glandulaire de l'organe de Bojanus*) à travers laquelle on aperçoit une masse d'un brun foncé (*portion glandulaire de l'organe de Bojanus*).

b. A l'extrémité antérieure du plancher du péricarde, immédiatement au-dessous du point où l'intestin entre dans cette cavité, on trouve deux ouvertures ovales; passez dans chacune une soie munie préalablement d'une petite boule de cire à cacheter pour l'empêcher de se créer une fausse route. On trouve alors que cet orifice est l'entrée d'un canal qui longe la portion glandulaire de l'organe de Bojanus.

c. Enlevez avec précaution d'un côté la paroi mince et transparente de la portion non glandulaire de l'organe de Bojanus, afin de mettre à découvert la partie de la portion glandulaire qui se trouve contenue dans la portion non glandulaire : on voit que la soie peut entrer dans la portion glandulaire par un orifice qui donne entrée dans la portion non glandulaire, et qui se trouve située à la face supérieure de la portion glandulaire, vis-à-vis l'extrémité postérieure du péricarde. La portion glandulaire s'étend en arrière un peu au delà de ce point; mais elle est complètement enfouie dans les tissus environnants, et n'est pas contenue dans le sac libre non glandulaire qui ne va pas en arrière plus loin que l'extrémité postérieure du péricarde.

d. Examinez le plancher de la portion non glandulaire, à son extrémité antérieure; vous y trouverez un petit orifice; passez-y doucement une soie garnie : alors retournez l'animal et détachez du pied l'extrémité antérieure de la branchie interne du même côté. On voit que la soie a traversé un orifice (*orifice externe de l'organe de Bojanus*) situé précisément au-dessus du point d'insertion de la branchie sur le corps.

6. Les branchies.

a. Coupez une des branchies et examinez-la; vous verrez qu'elle consiste en deux lamelles unies par leurs bords ventraux et entourant une cavité centrale qui s'ouvre en haut dans une chambre (épibranchiale), laquelle s'ouvre en arrière dans la chambre cloacale. La cavité inter-lamellaire est subdivisée par des cloisons intermédiaires qui passent d'une lamelle à l'autre.

b. Coupez avec précaution un fragment d'une lame branchiale; montez-le dans l'eau et examinez-le avec l'objectif n° 1 (Nachet). Il paraît formé sur sa face externe par des barres parallèles verticales, contenant des couples de bâtonnets courts; la face interne paraît formée d'un réseau de gros vaisseaux, perforé d'ouvertures assez larges.

c. Examinez à un fort grossissement : les bords de chaque fente sont couverts de grands cils actifs.

7. Le système nerveux.

a. Les ganglions cérébroïdes.

α. On les trouvera en disséquant avec soin à la base des palpes labiaux et le tégument du côté dorsal de la bouche. Ils sont au nombre de deux, chacun de la grosseur d'une tête d'épingle et de forme presque triangulaire.

β. Les commissures en rapport avec les ganglions cérébroïdes sont :

Un filet nerveux court perpendiculaire à la ligne médiane qui passe au-dessus de la bouche et unit les deux ganglions.

Un filet *connectif cérébro-pédieux*, qui part de chacun d'eux, se dirige en bas et en arrière et se continue avec celui qui part du ganglion pédieux du même côté, pour aller en avant (*b. β.*)

b. Les ganglions pédieux.

α. Mettez l'animal sur le côté, et disséquez avec précaution les tissus au pied ou point de réunion du tiers antérieur de cet organe avec son tiers médian, où la portion musculeuse et la portion viscérale du pied se rejoignent. C'est ainsi que l'on peut découvrir les ganglions pédieux. Ce sont deux corps ovales de couleur orange-foncé, un peu plus volumineux chacun que la tête d'une grosse épingle; ils sont appliqués l'un contre l'autre sur la ligne médiane.

β. Chacun de ces ganglions émet un connectif (*a. δ*) qui se dirige en avant et en haut vers le ganglion cérébroïde du même côté et dont les ramifications se distribuent aux muscles du pied et aux organes auditifs.

c. Les ganglions pariéto-splanchniques.

α. On les trouve facilement en mettant l'animal sur le dos et en disséquant le tégument près de

la surface ventrale du muscle adducteur postérieur.

6. Suivez un filet nerveux (*a. 6.*) qui va de
chacun d'eux au ganglion cérébroïde du même
côté. On suit facilement ce connectif dans toute
la région avoisinant l'organe de Bojanus, mais
difficilement plus loin.

8. L'organe de l'audition.

a. Il est difficile de le disséquer chez l'Anodonte : c'est un petit sac que l'on trouve en suivant en arrière le filet nerveux postérieur émis
par le ganglion pédieux; il est fixé à une des
branches de ce nerf. D'habitude, c'est une vésicule auditive en rapport avec chaque ganglion pédieux.

b. Si l'on peut se procurer une *Cyclas* vivante,
en enlevant le pied de l'animal, en le montant
dans l'eau et en l'examinant avec l'objectif n° 1
(Nachet), on apercevra facilement la vésicule auditive, avec la particule toujours en trépidation,
ou *otolithe*, qu'elle contient.

9. Le tube digestif.

a. Il faut le disséquer sur une autre Anodonte
durcie dans l'alcool. Disséquez avec soin les couches musculaires peu épaisses qui couvrent le

côté gauche du pied; c'est ainsi que l'on peut mettre à nu les circonvolutions noirâtres de l'intestin. On apercevra probablement en premier lieu les deux circonvolutions situées parallèlement l'une à l'autre près du bord postérieur du pied. Continuez à enlever les muscles et les cœcums reproducteurs jusqu'à ce que vous ayez mis l'intestin à nu sur la plus grande longueur possible; faites une légère ponction dans une des circonvolutions les plus internes, introduisez-y l'extrémité d'un chalumeau et insufflez : alors fendez avec soin l'intestin dans toute sa longueur pour en découvrir la surface interne, en allant d'un côté vers l'estomac et de l'autre vers le rectum. Introduisez une soie garnie dans la bouche et poussez-la aussi loin que possible et fendez le tube digestif le long de cette soie au moyen d'une paire de ciseaux. Poussez ensuite la soie un peu plus loin et suivez toujours avec les ciseaux, et ainsi de suite, jusqu'à ce que vous arriviez au point où vous avez déjà ouvert l'intestin.

b. En premier lieu, le tube digestif longe le côté dorsal du corps dans une faible étendue (*œsophage*), il passe le long du côté ventral du muscle adducteur antérieur : alors il se dilate pour former un sac irrégulier (l'*estomac*); en arrière de l'estomac il se continue sous forme d'un long tube étroit (l'*intestin*); tout à coup, en arrière de l'estomac, il s'abaisse dans le pied, en allant d'abord vers son bord postéro-inférieur, alors il se recourbe en haut et en avant dans le pied en s'approchant de sa partie dorsale; de nouveau, il se recourbe brusquement en bas et en arrière, parallèlement à sa direction primitive, en allant vers la partie ventrale du pied; là il fait un autre tour, et, après s'être dirigé quelque temps en avant, tourne en-dessus et longe la partie antérieure ou péricarde; là il tourne en arrière et **va**, sous forme d'un tube étroit (le *rectum*), d'abord traverser le ventricule du cœur; ensuite (en **passant** du côté dorsal du muscle adducteur postérieur) il longe le côté dorsal de la chambre cloacale, où il se termine par un orifice (l'*anus*), situé sur une papille proéminente.

c. Sur les côtés de l'estomac, se trouve une masse glandulaire brune, le *foie*.

α. Dissociez dans l'eau un fragment du foie et examinez la préparation avec l'objectif n° 5 (Nachet). Il est composé de cœcums ramifiés tapissés d'une couche de cellules épithéliales brunes.

10. Organes de la reproduction.

a. Ces animaux sont dioïques, mais les organes

de la génération ont la même structure dans les deux sexes; leur taille varie beaucoup suivant la saison : volumineux en hiver et au printemps, ils sont petits à toute autre époque.

b. Tout près de l'orifice externe du corps de Bojanus, on trouve de chaque côté une autre petite ouverture, c'est l'*orifice génital.*

c. A partir de l'orifice génital on peut suivre en arrière un conduit; il présente plusieurs ramifications cœcales qui se trouvent à la partie supérieure du pied.

11. Système musculaire.

a. Il se laisse disséquer plus facilement sur un échantillon durci dans l'alcool. Les principaux muscles sont :

α. Les muscles *adducteurs antérieur* et *postérieur* qui passent directement d'une valve de la coquille à l'autre. On les a déjà vus.

ϐ. Le *rétracteur postérieur du pied :* il s'aperçoit facilement, de chaque côté ; il part de l'intérieur du pied et va s'insérer sur la coquille au-devant du muscle adducteur postérieur.

γ. Le *rétracteur antérieur du pied :* il s'insère d'une part sur la coquille en arrière du muscle adducteur antérieur, et de l'autre, au devant du pied.

δ. Le *protracteur du pied* : naît à la surface interne de la coquille en arrière de l'adducteur antérieur et plus bas que le rétracteur antérieur. Les fibres s'étalent en éventail sur la partie supérieure du pied, quelques-unes d'entre elles s'étendent sur la surface du foie.

ε. Les *petits rétracteurs* : plusieurs petits muscles naissant de la coquille précisément au-devant du crochet et s'étendant sur la surface du foie.

ζ. Les *muscles intrinsèques du pied* : ils forment la plus grande partie de la portion ventrale de cet organe.

η. Petits muscles attachés à chaque lobe du manteau, à quelque distance de son bord libre épais, et qui s'insèrent sur la coquille le long d'une impression linéaire, qui va d'un adducteur à l'autre et qui s'appelle la ligne palléale.

b. Dissociez dans la glycérine un fragment de muscle traité par la solution d'acide chromique à 5/1000. — Examinez la préparation avec l'objectif n° 5 (Nachet). Il se compose de cellules aplaties fusiformes, contenant chacune un noyau allongé : la substance qui entoure le noyau est transparente, mais le reste de la cellule est granuleux et contient un grand nombre de petites particules disposées assez nettement en rangées transversales. Tandis que ces fibres musculaires se rangent par leur forme avec les *fibres lisses*, leur structure intime les rapproche des *fibres striées*.

12. La coquille ou exosquelette.

a. Les deux pièces latérales dures ou valves, pourvues chacune d'un bord dorsal droit et d'un bord ventral court, d'une extrémité antérieure large et d'une extrémité postérieure étroite. Remarquez dans chaque valve le bord ventral mou, non calcifié.

b. Le *crochet;* petite éminence mousse, située au bord dorsal de chaque valve près de son extrémité antérieure.

c. Le *ligament :* partie élastique non calcifiée de l'exosquelette, située au-dessous des crochets ; elle unit les deux valves et tend en même temps à écarter légèrement l'un de l'autre leurs bords ventraux.

d. Les marques de la coquille :

α. *Marques extérieures.* L'extérieur de chaque coquille est gris-brun. On y remarque un grand nombre de lignes concentriques généralement parallèles au bord de la coquille, et plus nombreuses aux approches du bord ventral.

6. *Marques intérieures.* L'intérieur de la valve est blanc et irisé : on y voit près du bord dorsa

deux marques ovales, les impressions des adducteurs antérieur et postérieur.

Une ligne courte, l'impression palléale, joint les deux impressions musculaires : c'est la trace des insertions des muscles du manteau sur la coquille.

Au-devant de l'empreinte musculaire de l'adducteur antérieur, se trouvent deux marques, l'une vis-à-vis son extrémité supérieure, l'autre vis-à-vis son extrémité inférieure; la première indique le point d'insertion du rétracteur intérieur, la seconde le point d'insertion du protracteur du pied.

On trouve, allant de l'empreinte de chaque adducteur jusqu'au crochet, une empreinte faible qui va en s'effaçant peu à peu, que l'on peut suivre jusque dans la cavité du crochet, et qu est la trace des insertions successives des muscles adducteurs, à mesure que l'animal grandit.

13. A l'époque de la reproduction, examinez le contenu du testicule pour voir les spermatozoïdes et celui des ovaires pour voir les œufs. Notez le micropyle de ces derniers. Si la branchie externe apparaissait pleine et distendue, c'est qu'elle serait pleine de *Glochidiums, larves* d'*Anodontes*. Remarquez les caractères de leur coquille, et les filaments enchevêtrés, ou byssus, dont ils sont pourvus.

CHAPITRE XII

L'ÉCREVISSE. — LE HOMARD

L'Ecrevisse et le Homard sont des animaux aquatiques. On trouve le premier de ces animaux dans plusieurs de nos rivières et le second abonde sur les côtes rocheuses des mers de l'Europe. Ces animaux sont bilatéralement symétriques, pourvus de plusieurs paires de membres, parmi lesquelles on remarque de grandes « pinces » préhensibles. Ils sont très actifs, marchent et nagent avec une égale facilité, et parfois se poussent eux-mêmes en arrière ou en avant par des coups de leur large nageoire terminale.

Ils possèdent, à l'extrémité antérieure de la tête, des yeux très remarquables portés sur des pédoncules mobiles, et deux paires d'antennes, dont l'une a la longueur du corps, tandis que l'autre est beaucoup plus courte.

Le corps et les membres sont protégés par une cuirasse épaisse, articulée, l'*exosquelette*, produit de l'épiderme sous-jacent. Elle est constituée par une membrane qui reste molle et flexible dans les espaces inter-articulaires des segments du corps et des membres, mais se durcit et s'épaissit partout ailleurs en s'incrustant de sels calcaires. Cet exosquelette doit sa coloration intense à un pigment que l'action de l'eau bouillante fait virer au rouge.

Le corps présente une division antérieure — le *céphalothorax* — recouvert d'un large bouclier continu ou *carapace* et une division postérieure — l'*abdomen* — formé d'une série de segments qui se meuvent l'un sur l'autre, dans un plan médian vertical. Ainsi l'abdomen redressé est en état d'extension, et courbé en état de flexion. Ces segments sont au nombre de sept. Les six premiers sont les somites de l'abdomen ; chacun d'eux est pourvu d'une paire d'appendices insérés sur sa face ventrale. Le 7ᵉ somite, ou *telson*, ne porte pas d'appendices. L'anus se trouve à la face ventrale au-dessous du telson, en arrière du dernier somite.

A la surface de la carapace, un sillon appelé la *suture cervicale* la divise en deux parties. La partie antérieure répond à la tête ou *céphalon*, l'autre protège le thorax. La division thoracique de la carapace présente en outre une région centrale qui recouvre la tête et deux larges prolongements latéraux qui s'abaissent et recouvrent les côtés du thorax ; leurs bords ventraux libres s'appuient contre la base des membres thoraciques. Ce sont les *branchiostégites*. Chacun d'eux abrite une large chambre où sont enfermées les branchies, communiquant avec l'extérieur en bas et en arrière, par les fentes étroites ménagées entre le bord du branchiostégite et les membres. A sa partie antérieure et inférieure, la chambre branchiale se continue en un canal qui s'ouvre en avant et en bas, au point où la tête s'articule avec le thorax. Dans ce canal on trouve une plaque ovale, plate — le *scaphognathite* — qui s'attache à la 2e paire de mâchoires et joue un rôle important dans l'acte de la respiration.

Il y a huit paires de membres thoraciques, et à la face ventrale du corps, on peut observer les lignes de démarcation des huit somites auxquels ces membres correspondent. Il n'y a pas trace de divisions correspondantes à celles-là dans la carapace du homard ; mais dans l'écrevisse, le dernier somite thoracique est uni d'une façon incomplète à ceux qui le précèdent. L'animal marche au moyen des quatre paires postérieures de membres thoraciques, qui, pour cette raison, sont appelés *pattes ambulatoires*. La paire voisine est formée par les grandes pinces ou *chelæ*. Les trois paires antérieures sont courbées du côté de la bouche et exécutent par rapport à la ligne médiane des mouvements de va-et-vient, de façon à former une partie des mâchoires, ce qui leur a fait donner le nom de pattes-mâchoires ou *maxillipèdes*. L'externe ou troisième paire de ces maxillipèdes est plus forte que les autres et ressemble davantage aux pattes ambulatoires; les bords internes des principaux articles de cette paire sont dentelés. Les maxillipèdes de la première paire ou de la plus interne, sont larges, foliacés et mous. En enlevant ces pattes-mâchoires, on met à découvert deux paires d'appendices foliacés mous qui s'attachent à la partie inférieure du céphalon et sont les mâchoires ou *maxillæ*.

La seconde paire ou externe se prolonge extérieurement de façon à former le scaphognathite, qu'on aperçoit au fond d'un sillon qui sépare latéralement la tête du thorax, *sillon cervical*.

En avant de ces mâchoires sont les très puissantes *mandibules*. Entre leurs extrémités antérieures dentelées se trouve la large ouverture de la bouche garnie en avant d'une plaque molle en forme de bouclier, le *labrum*, et en arrière d'une autre plaque molle divisée par une profonde fente médiane en deux lots, le *métastoma*. Jusqu'ici les surfaces des somites auxquelles les appendices sont attachés regardent en bas, lorsque le corps est droit et la carapace tournée vers le haut. Mais, en avant de la bouche, la face du corps sur laquelle s'insèrent les appendices fait un angle droit avec sa direction primitive, et par conséquent regarde en avant. Cette courbure de la face ventrale du corps prend le nom de *courbure céphalique*. En raison de ce changement de position de la surface à laquelle ils sont attachés, les trois paires d'appendices des somites situés en avant de la bouche ont une direction soit antérieure, soit antéro-supérieure. La paire postérieure est constituée par les longues *antennes*, la plus voisine par les petites antennes ou *antennules ;* et l'antérieure est formée par de courts pédoncules sub-cylindriques (*ophthalmites*), à l'extrémité desquels sont situés les yeux.

Cette énumération montre que le Homard et l'Ecrevisse possèdent six paires d'appendices abdominaux — les pattes natatoires; huit paires d'appendices thoraciques (quatre paires de pattes ambulatoires, une paire de pinces, trois paires de maxillipèdes), et six paires d'appendices céphaliques (deux paires de mâchoires, une paire de mandibules, une paire d'antennes, une paire d'antennules, une paire de pédoncules oculaires), le tout formant vingt paires d'appendices. En rapport avec ce nombre d'appendices, le corps est constitué par vingt somites; six d'entre eux sont mobiles les uns sur les autres et forment l'abdomen, les quatorze autres sont unis et forment ainsi le céphalothorax.

Le branchiostégite est produit par la paroi dorsolatérale de la région formée par la réunion des somites thoraciques. Le rostre dentelé qui termine la carapace est un prolongement médian fixe de la paroi dorsale des somites céphaliques antérieurs. Le telson, en revanche, est un prolongement médian mobile de la paroi dorsale du sixième somite abdominal. Le labrum et le métastoma sont des productions médianes de la portion sternale des somites situés immédiatement en avant et en arrière de la bouche.

Ainsi, chez ces animaux, le squelette entier peut être considéré comme la répétition vingt fois opérée d'un somite en forme d'anneau, muni d'une paire d'appendices, et dont l'exemple le plus simple nous est fourni par un des somites abdominaux.

En outre, nonobstant la grande variété des fonctions dévolues aux divers appendices, l'étude détaillée de leur structure (voyez la manipulation) montrera qu'on peut les ramener à des modifications d'un type fondamental, consistant en un article basilaire (*protopodite*) avec trois divisions terminales (*endopodite, exopodite, épipodite*).

Ainsi que nous l'avons déjà dit, le Homard et l'Ecrevisse affectent la symétrie bilatérale, c'est-à-dire qu'un plan médian vertical passant à travers la bouche et l'anus les divise en deux moitiés similaires. Cette symétrie n'appartient pas qu'à l'extérieur du corps et n'est pas en rapport qu'avec les paires de membres ; elle s'étend aux organes internes ; le canal alimentaire et ses appendices, le cœur, le système nerveux, les muscles et les organes de la reproduction sont symétriquement disposés par rapport au plan médian vertical du corps.

Un œsophage large, presque vertical, conduit dans un estomac spacieux ; tous deux sont tapissés d'un revêtement de chitine qui continue l'exosquelette. Un rétrécissement transversal de l'estomac le divise en deux portions : une portion cardiaque spacieuse et une pylorique beaucoup plus petite ; de cette dernière naît l'intestin. Les parois de la moitié antérieure de la *poche* cardiaque sont membraneuses et d'épaisseur médiocre ; mais les parois de la poche postérieure, en s'incrustant de calcaire, donnent naissance à un *squelette gastrique* d'une grande complexité. La partie principale de ce squelette est constituée par un osselet médian, dorsal, en forme de T, dont la partie horizontale formerait un arc transversal, tandis que la barre verticale médiane s'étendrait en arrière sur la ligne médiane. Cette dernière partie est pourvue d'une dent très puissante qui s'avance dans la cavité gastrique au-devant de l'ouverture du passage qui fait communiquer les divisions cardiaques et pyloriques de l'estomac. Les extrémités de l'arc transversal s'articulent avec deux pièces latérales, dont chacune porte une dent semblable. Les extrémités de ces pièces antéro-latérales s'articulent de nouveau avec des pièces postéro-latérales. Celles-ci sont unies à une pièce transversale jetée comme un pont au-dessus du plancher de la portion pylorique de l'estomac. Ainsi, il se forme une sorte de charpente hexagonale dont les articulations sont mobiles; la pièce médiane armée d'une dent s'allonge tellement en arrière, que son extrémité se trouve au-dessous de la seconde pièce transversale. Elle est en rapport avec elle, toutefois, au moyen d'un court osselet qui monte obliquement en avant et s'articule avec le bord antérieur de la pièce transversale postérieure. Deux muscles puissants s'attachent à la pièce transversale antérieure et se dirigent obliquement en avant pour s'insérer à la face inférieure de la carapace. Deux faisceaux musculaires analogues naissent de la pièce transversale postérieure, et, se dirigeant obliquement en haut et en arrière, s'insèrent également à la face inférieure de la carapace. La disposition de toutes ces parties est telle, que, lorsque les muscles se contractent, la dent médiane se meut dans le sens antéro-postérieur, tandis que les dents latérales s'avancent à l'intérieur, de sorte que toutes trois se rencontrent sur la ligne médiane. On peut imiter facilement l'action de ces muscles en saisissant avec des pinces les pièces transversales antérieures et postérieures et en les tirant dans la direction suivant laquelle les muscles agissent. On voit alors les trois dents venir s'entrechoquer. Ainsi les aliments déchirés par les mâchoires sont ensuite écrasés dans le moulin gastrique. Les parois de la division pylorique de l'estomac sont épaisses et s'avancent à l'intérieur sous forme de coussinets, ce qui réduit cette cavité à n'être plus qu'un passage étroit. Les surfaces en forme de coussinets des parois pyloriques sont munies de longs poils qui se dressent en travers de ce passage étroit et le convertissent ainsi en un tamis qui ne laisse passer du sac gastrique dans l'intestin mince et délicat que des matières très finement divisées. Les conduits hépatiques s'ouvrent, un de chaque côté, au point où la division pylorique de l'estomac s'unit à l'intestin. L'intestin est grêle et délicat, lisse à l'intérieur chez le homard, villeux chez l'écrevisse. Près de son extrémité postérieure, ses parois s'épaississent sur une longueur peu considérable, et cette portion épaissie, avec laquelle, chez le homard, un court cœcum dorsal est en rapport, peut être considérée comme un gros intestin ou rectum.

Le cœur est un organe court, épais, presque hexagonal, symétrique, logé dans le sinus péricardiaque, auquel il est attaché par des brides fibreuses. A la partie antérieure de l'organe, on voit trois ouvertures ; deux de ces ouvertures sont situées à la face supérieure, deux latéralement et deux à la face inférieure. Les ouvertures latérales sont en arrière et les dorsales en avant. Chaque ouverture commence par une dépression infundibuliforme de la face extérieure de l'organe qui se dirige obliquement vers l'intérieur et se termine dans la cavité du cœur par une fente valvulaire. Cette cavité est très réduite par l'entrelacement des faisceaux musculaires qui constituent les parois du cœur, de sorte que, sur une coupe transversale ou longitudinale, elle n'apparaît que comme une petite cavité médiane entourée d'une paroi épaisse et spongieuse.

Durant la vie, le cœur bat avec force, ses parois

se contractant partout à la fois. De la portion dorsale de son extrémité antérieure partent trois artères, une médiane et deux latérales, qui se rendent à la tête. Du côté ventral de cette même extrémité part une artère hépatique dont les branches se rendent, à droite et à gauche, au foie. A son extrémité postérieure, le cœur se termine par une dilatation médiane, d'où partent deux grands troncs artériels. Le premier ou *artère abdominale supérieure,* longe la face dorsale de l'intestin, et donne, chemin faisant, des branches transversales à chaque somite. L'autre, ou *artère sternale,* traverse, du côté de l'abdomen, l'espace situé entre le pénultième et l'antépénultième ganglion thoracique, passe entre leurs commissures et se divise en deux branches qui courent en avant et en arrière entre la chaîne ganglionnaire et l'exosquelette.

Ces artères se divisent et se subdivisent, et leurs terminaisons dans quelques parties du corps, notamment dans le foie, constituent un véritable système capillaire.

Les veines sont des canaux irréguliers ou *sinus,* situés entre la plupart des muscles et les viscères. De ces sinus, un des plus considérables se trouve sur la ligne médiane ventrale; on peut facilement le mettre en évidence en perçant le tégument mou situé entre deux quelconques des sternums abdominaux. Le sang coule de l'ouverture avec une grande rapidité, et la quantité qui s'en écoule montre la grandeur du sinus et ses libres communications avec le reste du système vasculaire. Coupons en travers un membre quelconque et insinuons le bout d'un chalumeau à la place où nous verrons le sang couler : nous pourrons sans peine injecter avec de l'air le sinus ventral.

On trouve également un sinus volumineux et de forme irrégulière sur la ligne médiane, à la surface dorsale de l'abdomen ; il communique librement avec le sinus médian ventral. La tige de chaque branche contient deux canaux sanguins, l'un s'étend le long de sa face externe et l'autre parcourt sa face interne. Le canal externe communique à son origine avec le sinus médian central. Le canal interne s'ouvre dans un conduit qui monte dans la paroi latérale du thorax et qui s'ouvre, après s'être anastomosé avec les autres canaux *branchio-cardiaques* vis-à-vis de l'orifice latéral du cœur. Comme les lèvres valvulaires de cet orifice et des autres orifices du cœur s'ouvrent à l'intérieur, le sang, au moment de la systole, est chassé du cœur dans les diverses artères. Une partie considérable du sang ainsi chassé dans les capillaires se rassemble dans le sinus médian ventral, et retourne ainsi au cœur en traversant les branchies. Le cœur est donc ici comme chez l'Anodonte un cœur aortique et non un cœur branchial. Mais le sang veineux tout entier poursuit-il la même route, ou bien une partie de ce sang retourne-t-elle du sinus dorsal directement au péricarde? cette question n'a pas encore été tranchée.

On ignore également si ce qu'on appelle le péricarde doit être regardé comme une cavité unique, ou si les tractus fibreux qui rattachent le cœur à ses parois ne se subdivisent pas en compartiments, lesquels seraient en communication immédiate avec des ouvertures cardiaques déterminées et non avec d'autres.

Chez le Homard, le sang, qu'on peut facilement se procurer en grande quantité, est un liquide presque incolore, ordinairement d'une faible teinte neutre. Il se coagule facilement, et l'on voit alors un caillot assez consistant se séparer du sérum. Il contient des corpuscules nucléés sans couleur appréciable, qui émettent des pseudopodes très longs et prennent ainsi une forme irrégulièrement étoilée.

On a déjà vu que les organes respiratoires ou branchies sont logés dans une chambre limitée extérieurement par le branchiostégite, intérieurement par les parois latérales des somites thoraciques, et en bas par la base des membres thoraciques, et qu'il existe une fente étroite entre le bord libre du branchiostégite et ces derniers. A l'extrémité intérieure de la chambre un conduit infundibuliforme mène à l'orifice antérieur mentionné plus haut, et, dans ce conduit, se trouve placé le scaphognathite comme une porte battante.

Durant la vie, le scaphognathite se meut incessamment d'avant en arrière, et fait ainsi sortir l'eau de la chambre branchiale par son orifice antérieur à chaque mouvement qu'il fait en avant. L'eau ainsi rejetée est remplacée par l'eau qui entre par la fente inférieure et postérieure située au-dessous du bord libre du branchiostégite, et c'est ainsi qu'il est pourvu à l'arrosement continuel des branchies par un courant d'eau. Chaque branchie ressemble en quelque sorte à une brosse à bouteilles et consiste en une tige garnie de nombreux filaments. Le sang contenu dans les vaisseaux qui parcourent ces filaments n'est séparé que par une membrane très fine de l'air contenu en dissolution dans l'eau; il dégage de l'anhydride carbonique et gagne une quantité correspondante d'oxygène dans son cours à travers les branchies.

Les branchies s'insèrent en partie sur les épimères des somites thoraciques, en partie sur les

extrémités proximales des membres thoraciques.
Les épipodites des membres montent entre les
rangées de branchies appartenant à chaque somite
et les séparent les unes des autres. Les branchies
qui s'insèrent sur les membres sont nécessaire-
ment agitées lorsque ces derniers se meuvent; de
là il s'ensuit que les échanges gazeux entre le
sang d'une part et l'eau de l'autre, prennent un
accroissement proportionné aux contractions musculaires d'où proviennent les mouvements des
membres, et que par conséquent la formation
d'anhydride carbonique augmente.

Le mode de formation et le lieu d'excrétion des
produits de décomposition azotés ne sont pas encore nettement connus, mais il paraît probable
que deux grandes glandes vertes situées dans la
tête tout près de la base des antennes jouent le
rôle de reins. Chacune de ces glandes enclave le
goulot d'un sac assez grand à parois minces qui
s'ouvre par un canal court sur la face ventrale de
l'article basilaire de l'antenne.

Le système nerveux consiste en une chaîne de
treize ganglions — unis par des commissures longitudinales — logés sur la ligne médiane du côté
ventral du corps et distribuant des nerfs aux organes des sens, aux muscles du tronc et des membres, ainsi qu'aux téguments; et en un système

nerveux viscéral, développé surtout sur l'estomac. ·

De ces treize ganglions, le premier en avant se trouve dans la tète, tout près de l'insertion des trois premières paires d'appendices auxquels il envoie des filets nerveux ainsi qu'au système nerveux viscéral. On l'appelle communément *cerveau* ou ganglion *sus-œsophagien*. Deux connectifs, qui passent de chaque côté de l'œsophage, le mettent en rapport avec une masse ganglionnaire plus considérable qui est appelée ganglion *sous-œsophagien*. Ce ganglion occupe la région située à la partie inférieure de la tète et à la partie antérieure du thorax et distribue des nerfs aux mâchoires et aux trois paires de maxillipèdes. Cinq autres ganglions se trouvent dans les cinq somites qui portent les pinces et les pattes ambulatoires et il en existe un par chaque somite abdominal, le dernier étant le plus volumineux des six.

Les connectifs longitudinaux qui unissent les ganglions abdominaux sont simples, mais dans le thorax les connectifs sont doubles et les ganglions eux-mêmes montrent avec plus ou moins d'évidence une tendance au dédoublement. C'est là un motif de croire que ces treize ganglions apparents représentent en réalité vingt paires de ganglions primitifs, soit une paire de ganglions par somite. Les trois paires de ganglions pré-oraux se seraient confondues pour former le cerveau, et les cinq qui viennent après la bouche se seraient réunies en une masse sous-œsophagienne.

Les seuls organes des sens spéciaux que l'on puisse reconnaître chez le Homard et chez l'Ecrevisse sont les yeux et les organes de l'audition.

Les yeux sont situés à l'extrémité des pédoncules oculaires ou ophtalmites qui représentent la première paire d'appendices de la tête. L'extrémité arrondie du pédoncule oculaire présente une surface claire, lisse, ayant presque la forme d'un croissant, divisée en un grand nombre de petites facettes quadrangulaires. Cette surface correspond à la *cornée* et n'est autre chose que la couche chitineuse ordinaire du tégument devenue transparente. La face interne de chacune des facettes de la cornée correspond à l'extrémité externe d'un corps allongé, transparent, légèrement conique — le *cône cristallin* — dont l'extrémité interne se continue avec un long et relativement étroit *bâtonnet* au moyen duquel il est en rapport avec un corps fusiforme strié transversalement — le *fuseau strié*. L'extrémité interne de ce dernier est à son tour en rapport avec la surface convexe de la terminaison ganglionnaire dilatée en forme de coussinet du nerf optique. Les systèmes formés de cette façon, chacun par son fuseau strié, son bâtonnet, son cône cristallin respectif, rayonnent ainsi de la surface externe du ganglion terminal à la face interne de la cornée, et chacun est séparé de son voisin par une *gaîne* nucléée, en partie fortement pigmentée. On ne connaît pas à fond la manière dont un *œil composé* tel que celui que nous venons de décrire s'acquitte de la fonction visuelle. Les faces internes et externes des facettes cornéennes sont planes et parallèles. Elles ne peuvent donc jouer le rôle de lentilles; et, le pourraient-elles, il n'existe point trace de terminaisons nerveuses disposées de manière à être affectées par les rayons lumineux concentrés au foyer de semblables lentilles. Au point de vue morphologique, les cônes, les bâtonnets et les fuseaux striés sont à plusieurs égards analogues à ces parties constituantes de la rétine des vertébrés connues sous le nom de couche des bâtonnets et des cônes et de couche granuleuse. Ces structures sont essentiellement des modifications de l'épiderme; de même que les vésicules cérébrales, dont les vésicules rétiniennes sont des excroissances, sont des involutions de l'épiderme de l'embryon. Ainsi, morphologiquement parlant, les extrémités libres des bâtonnets et des cônes de l'œil des vertébrés sont, comme chez les crustacés, tournées vers l'extérieur. Il semble par conséquent probable que l'œil entier d'un crustacé doit être comparé à la rétine seule d'un vertébré et que la vision est effectuée par eux comme elle le serait par une rétine dépourvue de tout appareil réfringent accessoire.

L'*organe de l'audition* du Homard et de l'Ecrevisse se trouve sur l'article basilaire de l'antennule sur la face dorsale duquel on peut apercevoir un petit orifice en forme de fente, protégé par de nombreux poils. La couche chitineuse du tégument s'invagine dans cet orifice et donne ainsi naissance à un petit sac aplati logé dans l'intérieur de l'antennule. Un côté du sac se replie de façon à produire un bourrelet qui proémine dans l'intérieur du sac et qui est revêtu de poils très fins et très délicats. Le nerf auditif entre dans ce bourrelet et ses dernières ramifications vont à la base de ces poils. Le sac lui-même contient de l'eau dans laquelle de fines particules pierreuses sont en suspension.

Les sexes sont distincts chez le homard comme chez l'écrevisse. Les caractères extérieurs distinctifs des mâles et des femelles, ainsi que la forme des organes de la génération, sont décrits dans la manipulation.

Les œufs imprégnés sont attachés en grandes quantités par une sécrétion visqueuse de l'oviducte aux poils des pattes-nageoires et là, ils subissent leur développement. Quand une femelle de Homard porte ainsi ses œufs, les pêcheurs disent qu'elle porte une grappe. Chez l'Ecrevisse, l'embryon subit dans l'œuf presque toutes les métamorphoses qui doivent l'amener à la forme de l'adulte ; mais chez le Homard, les jeunes, au moment où ils éclosent, sont des larves, ressemblant fort peu à leur parent, qui subissent une série de métamorphoses avant d'atteindre la condition d'adultes. On peut souvent se procurer ces larves en ouvrant les œufs d'une femelle de homard chargée de sa grappe. Elles ont une carapace arrondie, deux grands yeux, un abdomen articulé dépourvu d'appendices, et les membres thoraciques sont pourvus de longs exopodites.

La croissance normale, non moins que les métamorphoses du Homard et de l'Ecrevisse sont accompagnées d'exuviations périodiques de la couche externe, chitineuse, du tégument. Après chaque *ecdysis* de ce genre, le corps est mou et l'animal se met à l'abri dans une cachette jusqu'à ce que sa « coquille » soit reformée.

MANIPULATION

1. Caractères externes généraux.

L'animal est recouvert d'un épais *exosquelette :*

on y reconnaît facilement les parties suivantes :

a. Le corps proprement dit :

α. Sa partie antérieure non segmentée (*céphalothorax*) : la grande plaque en forme de bouclier (*carapace*) qui recouvre le céphalothorax sur le dos et sur les côtés; le sillon transversal de la carapace (*suture cervicale*) qui marque la ligne de jonction de la tête proprement dite et du thorax : le prolongement antérieur de la carapace qui forme l'*épine frontale*.

ϐ. La partie postérieure segmentée (*abdomen*); les sept divisions qui la composent; les six premières très semblables entre elles, la dernière (*telson*) différente des autres.

b. Le grand nombre de membres articulés (appendices) attachés à la face ventrale du corps : leurs divers caractères dans les différentes régions.

c. Les ouvertures extérieures du corps :

α. La *bouche;* on la voit en écartant les appendices situés au-dessous de la tête.

ϐ. L'*anus;* c'est une fente longitudinale située à la face inférieure du telson.

γ. Une *paire d'orifices génitaux;* on les trouve : chez le mâle, sur la première articulation de la dernière paire des appendices thoraciques; chez

la femelle, sur la première articulation de l'antépénultième appendice thoracique.

[δ. L'ouverture des organes auditifs.

ε. Les orifices des glandes vertes.

On verra plus facilement ces derniers orifices, lorsque les
appendices sur lesquels ils sont situés auront été séparés
du corps. Voy. § 21 *f.* et *g.*]

2. Examinez avec soin le 3e segment ou somite
abdominal et ses appendices.

a. Le segment en lui-même, arqué en dessus,
aplati en dessous.

α. Sa portion dorsale (*tergum*), dont la partie
antérieure, lisse, est recouverte par le segment
précédent lorsque l'abdomen est en état d'extension, et dont la partie postérieure rugueuse recouvre le segment suivant.

ϐ. La surface ventrale du segment : elle s'articule avec les portions correspondantes du segment
qui précède et des segments postérieurs au moyen
d'une membrane flexible.

γ. L'articulation des appendices avec le somite.

δ. Le *sternum :* portion de la surface ventrale
du somite située entre les points d'insertion des
appendices.

ε. L'*épimeron :* portion de la surface ventrale

située à droite et à gauche à la face externe de l'insertion des appendices.

Cette région a peu d'étendue et se continue presque directement avec les parois internes de la plèvre.

ζ. L'extension en bas (*plèvre*) des parois latérales du somite, formée par un prolongement du tergum et de l'épimeron : la facette lisse qui se trouve sur la moitié antérieure de la plèvre à l'endroit où elle est recouverte par le segment précédent.

b. Les *appendices* ou *pieds-nageoires*, un de chaque côté ; chacun est constitué par :

α. La portion basilaire courte, bi-articulée (*protopodite*), formée d'une pièce proximale courte et d'une pièce distale, plus longue.

β. Les lamelles aplaties, allongées dans le sens antéro-postérieur, attachées à l'articulation distale du protopodite ; l'une est intérieure (*endopodite*), l'autre extérieure (*exopodite*).

3. Les 4e et 5e segments abdominaux ressemblent de tous points au 3e.

4. Le 6e segment abdominal ; ses appendices modifiés :

α. Le protopodite, représenté par un seul article court et gros. (Dans le homard, l'article basilaire unique est incomplet.)

6. L'exopodite et l'endopodite : larges plaques bordées de soies; l'exopodite est divisé en deux portions par une articulation transversale.

5. Le *telson*.

Plaque plate qui ne porte point d'appendices; divisée en deux portions par une articulation transversale (non divisée chez le Homard) : caractère membraneux de la surface ventrale de sa division inférieure dans la plus grande partie de son étendue.

La *nageoire*, formée par le telson et les appendices du 6e segment abdominal.

6. Le second segment abdominal.

Chez la femelle, il ressemble entièrement au troisième : chez le mâle ses appendices sont modifiés; le protopodite et l'article basiliaire de l'endopodite sont très allongés, et le dernier se prolonge sous la forme d'une plaque qui s'enroule sur elle-même de façon à former un demi-canal, concave en dedans. (Chez le Homard, l'endopodite se prolonge en dedans sous la forme d'une proéminence ovale.)

7. Le premier segment abdominal; ses appendices; rudimentaire chez la femelle (à la place des deux divisions qu'il présente chez l'Écrevisse, chez le Homard il n'en a qu'une), il ne consiste

chez le mâle qu'en une simple plaque enroulée sur elle-même.

Chez le Homard, cet article unique qui le termine a la forme d'une écumoire plate ou d'une cuillère étroite dont la face concave serait tournée en dedans.

8. *La structure du céphalo-thorax.*

α. Examinez encore une fois la carapace avec son épine frontale et sa suture cervicale.

· 6. Retournez l'animal et notez les sternums très étroits situés entre les points d'insertion des appendices thoraciques.

Chez l'Écrevisse, le dernier somite thoracique n'est pas complètement ankylosé dans le sens vertical avec celui qui se trouve au devant de lui, tandis que ce fait a lieu chez le Homard.

γ. Soulevez avec une pince le bord libre de cette portion latérale de la carapace qui se trouve précisément au-dessus de la base des appendices thoraciques et que l'on appelle le *branchiostégite :* remarquez qu'il est formé par le réunion des grandes plèvres des segments thoraciques, et qu'il recouvre une chambre où se trouvent les branchies.

9. Notez que le plan occupé par les sternums des trois somites thoraciques antérieurs de l'ani-

mal (ces somites sont indiqués par leurs appendices) est coudé presque à angle droit avec le plan des autres sternums du céphalo-thorax — de telle sorte que leurs appendices sont dirigés en avant au lieu de l'être en bas.

10. Faites une coupe verticale d'un morceau d'exosquelette décalcifié par une macération de quelques jours dans une solution d'acide chromique à 1 0/0.

a. Il paraît composé d'un grand nombre de lames parallèles qui sont plus épaisses vers l'extérieur. Ces lames présentent des lignes parallèles mal définies qui se dirigent perpendiculairement à leur surface et qui donnent à leurs bords une apparence striée. La couche extérieure est plus transparente que le reste et perd sa striation.

b. L'épiderme, situé au-dessous de la plus interne des lames dont nous venons de parler, est composé de cellules mal définies, ramifiées, granuleuses et nucléées : la plus externe émet un grand nombre de prolongements courts qui se terminent par des extrémités renflées et pénètrent à une courte distance dans l'exosquelette.

11. Les organes respiratoires.

Enlevez encore le branchiostégite d'un côté et

examinez les branchies; elles sont au nombre de 18, formant deux séries :

α. Six sont attachées aux épipodites de certains membres (2e et 3e maxillipèdes, chelæ, 1re, 2e et 3e paire de pattes ambulatoires).

β. Les douze autres sont fixées aux côtés du corps et chacune d'elles consiste en une tige centrale qui émet un grand nombre de filaments délicats.

γ. Coupez les branchies, en notant les deux grands canaux qui se trouvent dans la tige de chacune d'elles et observez le sillon cervical au-devant de la chambre branchiale, avec le scapho-gnathite (21 *d*. α), qui s'y trouve.

[δ. Chez le Homard, il y a vingt branchies de chaque côté; elles sont disposées de la même façon, sauf en ce qu'il y en a 14 sur les côtés du corps.]

12. Organes circulatoires.

Plongez l'animal dans l'eau, la face ventrale en bas : coupez soigneusement avec une paire de ciseaux la portion dorsale de la carapace qui se trouve en arrière de la suture cervicale et cette portion de la paroi du thorax dont les branchies ont été enlevées.

On met ainsi à nu une chambre (le *sinus péri-cardique*) dans laquelle se trouve un sac polygo-nal (le *cœur*).

a. Les six orifices qui font communiquer le sinus et le cœur, deux orifices supérieurs, deux inférieurs et deux latéraux ; passez-y des soies. Les artères naissant du cœur ; cinq antérieures, une (*artère ophthalmique*) unique, sur la ligne médiane ; les autres (*artères antennaires* et *hépatiques*) par paires ; une, l'*artère sternale*, la plus volumineuse de toutes, qui part du bout postérieur du cœur.

b. Coupez et enlevez la partie dorsale des somites abdominaux et suivez en arrière la *branche supérieure abdominale* de l'artère sternale, en enlevant avec précaution les muscles qui, dans la région abdominale, pourraient la recouvrir. Elle apparaît sous la forme d'un tube transparent reposant sur la ligne médiane de l'intestin (14 *b.*) ; dans le Homard femelle, elle est séparée de cet organe en avant par les extrémités postérieures des deux ovaires. A sa partie supérieure, elle distribue des branches aux muscles qui la recouvrent, ainsi qu'une paire de branches qui vont à droite et à gauche dans les intervalles situés entre chaque paire de somites. Dans le sixième somite abdominal, elle se termine en se divisant en trois ou quatre grandes branches qui passent en rayonnant dans le telson. En raison de la petite taille de l'Écrevisse, il est difficile de disséquer cette artère chez cet animal.

c. L'artère sternale présente une dilatation à son origine, précisément au point où les branches dont nous venons de parler en naissent. Alors elle se dirige en bas verticalement du côté de la face ventrale, et passe sur un côté de l'intestin. Nous décrirons plus loin le cours qu'elle suit à partir de là.

13. Organes reproducteurs.

Ils présentent chez l'Écrevisse et chez le Homard des différences. Ils sont en partie situés au-dessous du cœur, qui doit par conséquent être enlevé ou rejeté de côté si on veut les voir. Les deux espèces sont unisexuées.

a. Organes génitaux de l'Écrevisse.

α. *Le testicule.* Masse jaunâtre trilobée : de ces lobes, deux sont plus grands que le troisième et se dirigent en avant côte à côte sur la ligne médiane : le troisième lobe est dirigé en arrière.

6. Les deux canaux déférents naissent au point où le lobe postérieur du testicule s'unit aux deux autres. Au voisinage de la glande, chacun d'eux est étroit, mais il s'élargit en allant en arrière, s'enroule sur lui-même d'une façon très compliquée et finit par s'ouvrir dans l'orifice génital

situé du même côté que lui (1. *c.* γ.). Suivez le cours du canal déférent du côté dont vous aurez enlevé la paroi thoracique (12).

γ. Dissociez dans l'eau un fragment de testicule, et examinez la préparation avec l'objectif n° 5. Le testicule paraît composé de cœcums tubuleux.

Dans le testicule ou dans le canal déférent on trouve quelques spermatozoïdes : ils sont immobiles et ont la forme de cellules nucléées pourvues de prolongements rayonnants.

δ. L'*ovaire* est une glande qui, par sa couleur et sa forme, ressemble beaucoup au testicule du mâle. De cet ovaire naissent deux oviductes courts qui se dirigent presque directement en bas vers les orifices génitaux. (1. *c.* γ.)

b. Organes génitaux du Homard.

α. Les testicules sont deux longs tubes situés en partie dans le thorax, en partie dans l'abdomen. Leurs portions postérieures convergent sur la ligne médiane, mais divergent en avant, et à un quart environ de la longueur de chacun d'eux à partir de son extrémité antérieure, une courte branche transversale les unit.

6. Le *canal déférent* naît un peu au-devant du milieu de chaque testicule et se dirige sans

former de circonvolutions vers l'orifice génital. Il est dilaté dans sa moitié distale.

γ. Dissociez dans l'eau un morceau du testicule et examinez la préparation avec l'objectif n° 5 — pour voir les *spermatozoïdes*. Ils sont immobiles et constitués par une cellule allongée de l'une des extrémités de laquelle partent trois prolongements rigides, pointus.

δ. Les ovaires du Homard sont également allongés et se trouvent en partie dans le thorax et en partie dans l'abdomen, au-dessus du tube digestif (14). Chacun d'eux est une masse d'un vert-foncé, à l'extérieur de laquelle on peut apercevoir de petites éminences arrondies (indice des œufs qu'elle contient). Près de leur extrémité antérieure, les deux ovaires viennent au contact l'un de l'autre sur la ligne médiane, et pendant un court trajet ils sont réunis l'un à l'autre.

ε. De chaque ovaire, il naît un peu en avant et sur la ligne médiane un oviducte qui se dirige immédiatement vers l'orifice génital du même côté.

14. Organes de la nutrition.

a. Enlevez la portion dorsale de la carapace située au-devant de la suture cervicale; vous mettrez ainsi à découvert, en avant du cœur, une poche volumineuse, — l'*estomac* : faites-y pénétrer une soie par l'œsophage en la faisant entrer par l'orifice buccal situé entre les mandibules.

b. Suivez en arrière l'intestin tubuleux de l'estomac à l'anus. Chez le Homard, l'intestin se dilate aux environs de l'anus. Dans l'Écrevisse, il présente tout près de l'estomac un petit cœcum, tandis qu'il offre aux environs de l'anus une particularité analogue chez le Homard.

c. Examinez le foie.

α. C'est une masse molle, allongée, d'un jaune pâle, située de chaque côté du céphalo-thorax et débouchant de chaque côté dans le tube digestif par un conduit, au point où l'intestin s'unit à l'estomac.

ε. Dissociez dans l'eau un morceau du foie; il est composé de cœcums ramifiés qui, au microscope, paraissent tapissés par une couche de cellules *(épithélium)*.

d. Enlevez avec soin le tube digestif, en coupant l'œsophage tout près de l'estomac.

α. Ouvrez ce dernier sous l'eau et observez la constriction qui le divise en une portion antérieure (cardiaque) et une portion postérieure (pylorique).

ε. La charpente qui le supporte, et les poils

qu'il contient et la calcification de la membrane qui le tapisse.

15. Maintenant suivez l'artère sternale (en enlevant le tube digestif et les organes génitaux) jusqu'à son entrée dans un canal (*canal sternal*) formé par des proéminences internes de l'exosquelette de la surface ventrale de l'animal. A l'endroit même où elle y pénètre, l'artère sternale émet sa *branche abdominale inférieure* qui court le long de la ligne médiane de l'abdomen immédiatement en dedans des sternums des somites. Suivez cette branche en arrière en enlevant les muscles qui la recouvrent. En procédant ainsi, vous mettrez à découvert la portion abdominale de la chaîne nerveuse. Elle est située immédiatement au-dessus du vaisseau sanguin ; il faut prendre garde de l'endommager.

16. Le système nerveux.

α. Trouvez le *ganglion sus-œsophagien* au devant de l'œsophage.

6. Les *commissures circum-œsophagiennes* qui en partent et vont en arrière.

γ. Suivez en arrière ces commissures, en coupant les parties dures formant la voûte du canal sternal, que vous rencontrez en route ; elles aboutissent à une chaîne de *six ganglions*, situés au long du plancher du céphalo-thorax, et unis entre eux par un double cordon (*commissures*). Dans le canal sternal, on peut voir l'artère sternale entre les ganglions.

δ. Suivez en arrière le cordon unique qui va du dernier ganglion thoracique à l'abdomen, en enlevant tous les muscles que vous rencontrez en chemin. Vous mettrez à découvert une chaîne de six ganglions, un pour chaque segment abdominal, qui sont unis par un cordon nerveux unique.

17. La glande verte.

Masse verdâtre, molle, qui se trouve de chaque côté, tout à fait à la partie antérieure de la cavité céphalo-thoracique; faites pénétrer une soie très fine dans l'orifice de son conduit excréteur, situé sur l'article basilaire de l'endopodite de l'antenne.

18. Dissociez dans l'eau un fragment de muscle et examinez-le au microscope; notez sa structure; il est composé de fibres, strié d'une façon régulière par des bandes alternativement plus claires et plus foncées.

19. Dissociez dans l'eau un fragment de cordon nerveux parfaitement frais et colorez avec l'aniline ou l'hématoxyline.

a. Il est composé de fibres fines, de grandeur variable, constituées chacune par une membrane extérieure anhiste, parsemée de noyaux, qui entoure un axe central transparent ou parfois finement granuleux ou indistinctement fibrillaire.

20. Dissociez dans l'eau un ganglion traité préalablement par l'acide osmique.

a. Il est composé de grandes cellules ovales, ramifiées, consistant chacune en une masse granuleuse dans laquelle est enfoui un noyau rond transparent, qui renferme un nucléole.

21. Les appendices.

En commençant par le sixième segment abdominal, enlevez avec des pinces les appendices du corps et disposez-les en ordre sur un morceau de carton. Les appendices abdominaux ont été décrits plus haut; sur les autres, notez les particularités suivantes, en allant d'arrière en avant.

a. Les quatre appendices thoraciques postérieurs (pattes ambulatoires).

α. Le plus en arrière : allongé, 7-articulé, les articulations jouant dans différents plans, de sorte qu'en somme le membre peut se mouvoir dans toutes les directions; les articles ont reçu les noms suivants : l'article proximal, court et épais, *coxopodite;* le suivant, petit et conique, *basipodite;*

le suivant, cylindrique et sillonné par une constriction annulaire, *ischiopodite;* le suivant, plus
long, *méropodite;* puis successivement, le *carpo-
podite*, le *propodite* et la *dactylopodite*. Il est probable que le coxo- et le basipodite réunis représentent le protopodite des appendices abdominaux; les autres articles, l'endopodite; l'exo- et
l'épipodite sont absents.

6. La patte ambulatoire suivante est d'une façon
générale semblable à la précédente, mais porte,
attaché au coxopodite, un long appendice membraneux aplati qui monte dans la chambre branchiale : il porte une branchie.

γ. La patte ambulatoire qui vient) immédiatement après (en allant toujours en avant) diffère de
la dernière en un seul point : elle a le propodite
prolongé de façon à devenir opposable au dactylopodite et à former une paire de pinces (*chelæ*).

δ. La patte ambulatoire tout à fait antérieure
ressemble entièrement à γ et, comme elle, porte
une branchie.

b. La grande pince · beaucoup plus grande et
plus puissante que ce dernier appendice; mais lui
ressemblant de tout point, sauf en ce que son
ischiopodite et son basipodite sont ankylosés
ensemble; elle porte une branchie.

c. Les trois maxillipèdes.

α. Le maxillipède postérieur : sa portion basilaire courte, épaisse, 2-articulée (protopodite); les trois prolongements qui s'y articulent; l'externe (*épipodite*), lame recourbée, allongée, située dans la chambre branchiale et portant une branchie; le moyen (exopodite) long, étroit, pluri-articularité; l'interne multi-articulé (endopodite), et ressemblant beaucoup à l'une des pattes ambulatoires.

6. Le maxillipède moyen : ressemble beaucoup à α; cependant les deux articles du protopodite sont confondus et l'endopodite est moins fort.

γ. Le maxillipède antérieur; le protopodite, l'exopodite et l'épipodite sont tous présents, mais plus petits que ceux de *b* et l'épipodite ne porte point de branchie; l'endopodite est aplati et foliacé.

Les pattes ambulatoires, les grandes pinces et les maxillipèdes constituent ensemble les appendices du thorax; nous abordons maintenant l'étude de ceux qui appartiennent spécialement à la tête.

d. Les deux mâchoires.

α. La mâchoire postérieure : le protopodite et l'exopodite ressemblent aux pièces analogues du maxillipède antérieur dans leurs traits essentiels;

l'épipodite et l'exopodite sont confondus et forment une large plaque ovale (*scaphognathite*) qui se trouve à l'extrémité antérieure de la chambre branchiale (11, γ).

d. La mâchoire antérieure : épipodite et exopodite rudimentaires ; endopodite foliacé.

e. *La mandibule*. L'article basilaire en est fort, dentelé, pourvu d'un petit appendice (le **palpe**) qui représente l'endopodite ; il n'y a rien pour représenter l'épipodite et l'exopodite.

f. *L'antenne*. Portion basilaire 2-articulée (protopodite), portant une plaque aplatie (exopodite rudimentaire) et un long filament multi-articulé (l'endopodite) : l'orifice de la glande verte (17) sur le côté oral de l'article basilaire du protopodite.

g. *L'antennule*. Article basilaire volumineux, triangulaire, portant une paire de filaments articulés (endopodite et exopodite) : l'orifice de l'organe auditif (24) est au milieu d'une petite touffe de poils sur l'article basilaire.

h. *Les ophthalmites ou pédoncules oculaires*. Appendices courts, 2-articulés qui représentent seulement un basipodite.

22. Revenez maintenant sur les 20 paires d'appendices et comparez chacun d'entre eux avec le

3° maxillipède : on peut supposer qu'ils dérivent tous de celui-là par suppression, coalescence ou changement spécial de forme; c'est ce qu'on appelle un appendice typique.

23. Structure de l'œil.

a. Prenez l'œil d'un homard que vous aurez laissé séjourner pendant quatre ou cinq jours dans une solution à 0,5 pour cent d'acide chromique, et ensuite vingt-quatre heures ou davantage dans l'alcool. Examinez-en la surface à la lumière réfléchie avec un objectif n° 1.

Il paraît divisé en un grand nombre de petites alvéoles carrées ou facettes dont chacune présente comme un sillon peu marqué qui la coupe en diagonale d'un coin à l'autre.

b. Inclusez l'œil et pratiquez perpendiculairement à sa surface un grand nombre de coupes : montez-les dans la glycérine et examinez-les avec un objectif n° 1.

α. Si le plan de section a passé par le milieu de l'œil, la coupe devra présenter à votre examen une masse centrale (ganglion optique) d'où un grand nombre de lignes semblent rayonner vers les facettes de la surface. Ces lignes rayonnantes (qui sont obscurcies çà et là par des couches concentriques de pigment) sont l'indication des *fu-*

seaux striés, des *bâtonnets* et des *cônes cristallins.*

c. Examinez à un fort grossissement vos plus
fines coupes ou bien une des plus épaisses disso-
ciée dans la glycérine. En commençant par l'**exté**-
rieur, vous observez successivement :

α. La *cornée*, qui correspond à l'une des facettes superficielles. La surface extérieure en est
plate et l'intérieure légèrement convexe. Immédiatement au-dessous de la cornée on voit (dans les
préparations réussies) une couche légèrement granuleuse.

β. Le *cône cristallin*, corps anguleux, transparent, obscurci d'habitude par du pigment. Si
pareil cas se présente, on montera une autre
coupe dans une solution diluée de potasse caustique, qui enlève le pigment.

γ. En arrière du cône cristallin nous trouvons
le *bâtonnet*. Il est très large au point où il touche
le cône, mais il se rétrécit en arrière où il se continue avec le fuseau strié. Sur un œil frais, traité
par l'acide osmique et dissocié, chacun de ces
bâtonnets peut se résoudre en quatre fibres.

δ. Le *fuseau strié* est fusiforme et présente une
striation transversale bien nette. Toutefois, entre
ses stries bien marquées, un examen scrupuleux
à un fort grossissement peut en faire découvrir

d'autres beaucoup plus fines. Les extrémités extérieures de ces fuseaux sont en rapport avec la seconde des couches pigmentées que l'on voit à un faible grossissement (*b. α.*) : on les aperçoit mieux sur des préparations traitées par une solution diluée de potasse caustique.

ε. En arrière des fuseaux striés se trouve une membrane perforée à travers laquelle passent les fuseaux qui se continuent avec le ganglion optique. De leurs extrémités partent des fibres nerveuses qui se dirigent en convergeant vers l'intérieur et au milieu desquelles sont parsemées des cellules nerveuses. Dans le ganglion il existe plusieurs bandes pigmentées concentriques.

ζ. Si la coupe va jusqu'en arrière le long du nerf optique, on peut voir au milieu des fibres deux masses lenticulaires placées obliquement.

η. Une membrane qui enveloppe l'ensemble formé par chaque cône, le bâtonnet et le fuseau correspondant va en arrière de la cornée au ganglion optique. C'est sur cette membrane que se trouve la plus grande partie du pigment qui forme les deux bandes foncées extérieures. Sur les bâtonnets, le pigment est absent et dans cette région on peut voir que la membrane est semée de noyaux ovales.

24. L'organe auditif.

Il est situé sur l'article basilaire de l'antennule.
C'est sur le homard qu'il est le plus facile à examiner. La surface supérieure de cet article basilaire est plate en arrière.

Elle porte plusieurs touffes de poils : une entre
autres, très petite et placée au côté interne de la
surface aplatie, précisément à l'angle qu'elle forme
en s'unissant à la portion arrondie ; un orifice situé
au milieu de ces poils mène dans le sac auditif ;
on peut facilement y faire passer une soie.

a. Prenez l'antennule toute fraîche d'un homard
et enlevez la surface inférieure de son article basilaire. On y aperçoit facilement un sac chitineux,
transparent, au milieu des muscles... etc. : c'est le
sac auditif, il.a environ 8 millimètres de long. Disséquez-le avec soin.

b. En exposant ce sac à la lumière, on aperçoit
sur sa surface inférieure un petit amas de matière
pulvérulente, situé près de l'orifice par lequel il
communique avec l'extérieur. En arrière de cet
amas on voit une ligne courbe opaque ; et plus en
arrière encore, et concentrique à cette ligne, une
bande brune plus courte. Coupez avec soin la portion du sac qui porte ces bandes, montez-la dans
l'eau de mer ou dans la solution de chlorure de
sodium et examinez-la avec un objectif n° 1.

α. La ligne blanche correspond à une crête au sommet de laquelle est une rangée de grands poils, et sur l'espace brun comme sur le côté opposé de la rangée principale, on peut voir des poils plus petits réunis en groupes clair-semés.

c. Examinez avec l'objectif n° 5.

α. Chacun de ces poils que nous avait fait voir un faible grossissement paraît maintenant entièrement recouvert d'innombrables poils secondaires très fins, qui sont plus courts vers la base du poil principal. A ce même endroit, chaque poil principal subit d'abord une constriction, puis forme ensuite en se dilatant une espèce de bulbe qui est fixé à la paroi du sac.

β. L'amas brun paraît devoir sa couleur à une couche unique de cellules épithéliales polygonales qui contiennent des granulations pigmentaires.

γ. En déplaçant le foyer à travers cette couche épithéliale, on aperçoit un grand nombre de bandes, parallèles entre elles, légèrement granuleuses, qui se rendent chacune à la base d'un des poils de la rangée principale située au sommet de la crête. A son entrée dans la base du poil, chaque bande subit une constriction, et en arrivant à l'élargissement bulbeux du même poil, s'unit à une petite papille hémisphérique qui s'y trouve contenue.

δ. Mettez un sac auditif frais dans une solution

à 1 0/0 d'acide osmique. Vous le laisserez séjourner là une demi-heure, puis ensuite vingt-quatre heures dans l'eau distillée; à l'examen, chacune des bandes granuleuses dont il a été parlé plus haut paraît être constituée par un faisceau de fibres fines qui, de distance en distance, subissent des élargissements fusiformes.

ε. Le sac auditif du homard est en grande partie uniformément tapissé de poils très fins que l'on n'aperçoit qu'à un fort grossissement. L'épithélium est absent, excepté sur l'amas pigmenté mentionné plus haut.

d. Le sac auditif de l'Écrevisse ressemble beaucoup à celui du Homard, et peut être examiné de la même façon. Il ne vaut pas toutefois autant, à cause et de sa petitesse relative et de ses poils auditifs, qui sont plus longs, il est vrai, mais qui sont réunis en une touffe serrée, ce qui empêche de voir aussi bien leur mode d'insertion.

CHAPITRE XIII

LA GRENOUILLE

Rana temporaria et *Rana esculenta.*

La seule espèce de grenouille indigène à la Grande-Bretagne est la grenouille commune ou grenouille des prés (*Rana temporaria*). — Sur le continent on trouve aussi une autre espèce, dont les membres inférieurs passent pour un mets délicat, ce qui lui a valu le nom de grenouille comestible (*Rana esculenta*). A moins de mention spéciale, toute description donnée ici s'appliquera aux deux espèces. D'ordinaire, la grenouille comestible est plus grande que l'autre, et, par conséquent, convient mieux aux recherches anatomiques et physiologiques.

Le corps de la grenouille présente une tête et un tronc faciles à reconnaître, mais il est dépourvu de cou aussi bien que de queue. Les contours de la tête se continuent sensiblement avec ceux du corps, et les membres antérieurs s'attachent immédiatement après la tête. Il y a deux paires de membres, antérieure et postérieure. Une peau douce, humide, dépourvue de poils, d'écailles et de toute espèce d'*exosquelette* enveloppe tout le corps. On sent facilement, à travers la peau, les parties dures qui constituent l'*endosquelette* de la tête, du tronc et des membres.

La couleur fondamentale jaunâtre de la peau est relevée de taches d'un noir plus ou moins foncé, brunes, verdâtres ou orangées. Dans la grenouille des prés, on voit de chaque côté de la tête, derrière les yeux, une tache brun-foncé ou noire, très caractéristique de cette espèce. Dans une même espèce, la coloration varie beaucoup d'une grenouille à une autre, et une même grenouille pourra changer de couleur ; la teinte de sa peau, foncée dans un lieu obscur, deviendra plus claire au grand jour.

Le corps de la grenouille ne présente que deux ouvertures médianes : la bouche, très grande, et l'ouverture cloacale, assez petite. Cette dernière est située à l'extrémité postérieure du corps, mais plutôt à sa face supérieure qu'à sa terminaison réelle. On lui donne ordinairement le nom d'anus, mais il faut bien se rappeler que cet orifice ne

correspond pas exactement à l'anus des mammi-
fères.

A la face supérieure de la tête, entre son
contour antérieur et les yeux, on remarque les
deux narines, situées assez près l'une de l'autre.
Les yeux sont grands, proéminents, munis de
paupières bien développées, qui retombent au-devant d'eux lorsqu'ils se rétractent. Derrière les
yeux, de chaque côté de la tête, on voit un espace
large, circulaire, où la peau présente une texture
et une couleur autres qu'aux parties avoisinantes :
c'est la couche externe de la membrane du *tympan* ou tambour de l'oreille.

Les membres antérieurs ou thoraciques sont
plus courts que les membres pelviens. — Chacun
des premiers se divise en trois parties, le *bras*,
l'*avant-bras,* la *main* correspondant aux parties
ainsi désignées chez l'homme. Les quatre doigts
de la main correspondent au deuxième, troisième,
quatrième et cinquième doigts de l'homme. Il
n'y a pas, à la main, de membrane interdigitale.

Les membres postérieurs se divisent également,
de même que chez l'homme, en trois parties : la
cuisse, la *jambe*, le *pied*. Le pied est remarquable,
non seulement par sa grandeur totale, mais encore par l'élongation de la région qui correspond
au *tarse* chez l'homme. Il faut noter, cependant,

que la grenouille n'a pas le talon proéminent. Il y a cinq doigts longs, étroits, correspondant aux cinq doigts de l'homme, unis par une fine expansion du tégument ou membrane interdigitale. De ces doigts, le plus interne et le plus court correspond au gros orteil de l'homme.

A la base de cet orteil, le tégument de la face plantaire offre une petite proéminence cornée. Parfois on trouve aussi du côté externe du pied une proéminence analogue mais plus petite. Au pied, non plus qu'à la main, on ne trouve d'ongles à l'extrémité des doigts, mais dans les deux organes, on trouve cependant des épaississements de la peau ou callosités entre les articulations des doigts.

Dans la saison des amours, on voit chez le mâle à la surface palmaire du doigt le plus interne de la main, la peau se convertir en un coussinet rugueux, brun-foncé ou noir chez la grenouille des prés.

Dans l'état d'immobilité, la grenouille se tient assise, à la manière d'un chien ou d'un chat. Le dos paraît brisé, sa partie postérieure et la partie antérieure formant ensemble un angle obtus. Néanmoins, la colonne vertébrale est toujours droite et la brisure apparente de l'épine dorsale provient de la façon dont les volumineux os iliaques sont attachés au sacrum.

La marche de la grenouille est lente et embarrassée. En revanche, cet animal saute avec une très grande force, par l'extension soudaine de ses membres postérieurs, et nage admirablement.

Sur une grenouille vivante, on voit les narines s'ouvrir et se fermer alternativement, tandis qu'à la partie inférieure du tronc la peau s'élève et s'aplatit tour à tour. Ces mouvements exécutent l'aspiration et l'expulsion de l'air nécessitées par la respiration de l'animal.

La paupière supérieure de l'œil de la grenouille est grande; la peau y présente sa pigmentation ordinaire; elle est peu mobile. Un repli de la peau joue le rôle de la paupière inférieure de l'homme. Une très faible partie seulement de ce repli est pigmentée; l'autre partie, plus considérable, est demi transparente et ressemble plus à la membrane nictitante d'un oiseau qu'à une véritable paupière inférieure. Vient-on à toucher la surface de la cornée, le globe de l'œil se rétracte sous la paupière supérieure, qui descend un peu. En même temps la paupière inférieure s'élève devant l'œil, et le ferme en se réunissant à la paupière supérieure.

Tout le monde sait que la grenouille émet un coassement particulier. Ce pouvoir vocal se manifeste surtout dans la saison des amours; alors ces animaux se réunissent en grand nombre à la surface des étangs, des mares, et en général des eaux dormantes. Cette saison commence aux premiers jours du printemps pour la grenouille des prés, mais beaucoup plus tard pour la grenouille verte. On voit à ce moment le mâle suivre la femelle, l'étreindre dans ses bras, et rester dans cette position des jours ou même des semaines entières jusqu'au moment de la ponte. C'est alors qu'il féconde les œufs en lançant sur eux sa semence à mesure qu'ils sortent. Presque aussitôt l'arrivée des œufs dans l'eau, la couche d'albumine visqueuse sécrétée par l'oviducte qui les entoure se gonfle par imbibition, et forme en s'unissant à l'enveloppe analogue des œufs voisins une masse gélatineuse où les œufs restent enfouis pendant les premières phases de leur développement.

Le développement des œufs dépend en grande partie de la température : accéléré par la chaleur, il est retardé par le froid. La segmentation commence quelques heures à peine après l'imprégnation ; — on observe facilement la marche de ce phénomène, en examinant l'œuf *comme objet opaque* à un faible grossissement.

L'embryon encore contenu dans l'œuf a la forme d'un petit poisson, dépourvu de membres, avec seulement des rudiments de branchies, mais avec deux disques adhésifs au côté ventral de la tête, derrière la bouche.

Au sortir de l'œuf, le jeune acquiert trois paires de branchies externes en forme de filaments ramifiés, attachés latéralement à la partie postérieure de la tête. Des fentes étroites qui se trouvent dans la peau à la racine des branchies s'ouvrent dans le pharynx. L'eau pénètre dans la bouche et passe à travers ces fentes branchiales. L'animal broute les plantes aquatiques sur lesquelles il vit, au moyen de plaques cornées dont ses mâchoires sont pourvues.

Dans le têtard (nom de la forme larvaire de la grenouille) l'intestin, relativement bien plus long que chez l'adulte, s'enroule en spirale dans la cavité abdominale.

Une lèvre membraneuse, dont la surface est munie de nombreuses papilles cornées, environne la bouche, la queue musculeuse acquiert une taille relativement considérable. Les yeux ainsi que les organes de l'audition et de l'olfaction commencent à se dessiner, les membres n'apparaissent pas encore.

Dans la région hyoïdienne, un repli du tégument, appelé membrane operculaire, se développe en arrière et au-dessus de la branchie externe;

il s'unit avec la portion des téguments qui recouvre l'abdomen, de manière à laisser, au côté gauche seulement, une petite ouverture qui, pendant quelque temps, laissera passer l'extrémité des branchies internes. Les branchies externes s'atrophient et sont remplacées dans leurs fonctions par de petits bourgeons développés sur la face opposée des fentes branchiales — ce sont les *branchies internes*. Des rudiments de membres apparaissent et prennent bientôt en s'allongeant leurs caractères définitifs. Les membres postérieurs sont visibles avant les membres antérieurs; ceux-ci étant d'abord recouverts par la membrane operculaire. Des poumons se développent et, pendant quelque temps, le têtard respire aussi bien à leur aide qu'à l'aide des branchies internes.

Au fur et à mesure que les membres inférieurs se développent, la queue s'atrophie et n'est bientôt plus représentée que par l'extrémité pointue du corps; l'ouverture buccale s'agrandit au point que la commissure des lèvres se place au-dessous de l'œil, au lieu d'en être séparée par un long intervalle comme dans le têtard. La lèvre membraneuse et son armature cornée disparaissent, et des dents se développent sur la mâchoire supérieure et sur le vomer. L'intestin, qui ne suit pas le corps dans son développement, se déroule et devient relativement plus court. En même temps, l'animal change peu à peu son régime végétal contre une nourriture animale. La grenouille adulte est insectivore.

Les deux espèces, *Rana temporaria* et *Rana esculenta*, se distinguent par les caractères extérieurs suivants. Chez la *Rana temporaria*, l'espace inter-oculaire est aplati ou légèrement convexe et d'ordinaire plus large que la paupière supérieure ou tout au moins autant. Le diamètre de la membrane du tympan est moindre et même souvent beaucoup moindre que celui de l'œil. La proéminence cornée située à la partie externe du pied est petite ou absente, du côté externe elle est aplatie et pourvue d'un bord arrondi. Une tache de couleur sombre s'étend en arrière depuis l'œil jusqu'à la membrane du tympan. Chez les mâles, le coussinet rugueux du côté radial de la main est noir, et les sacs vocaux sont absents.

Chez la *Rana esculenta*, d'autre part, l'espace inter-oculaire est habituellement concave et moins large que la paupière supérieure. Le diamètre de la membrane du tympan est aussi grand que celui de l'œil. La proéminence cornée du côté interne du pied est allongée, comprimée et se termine par un bord émoussé ; elle ressemble à un éperon, et présente constamment une petite élévation extérieure.

Il n'existe pas, sur les parties latérales de la tête, de taches colorées comme chez la *Rana temporaria*, et le coussinet rugueux du doigt interne du mâle n'est point noir. Le mâle est pourvu, de chaque côté de la tête, au-dessous de l'angle de la mâchoire, d'une poche volumineuse communiquant avec la cavité buccale. Lorsque le mâle coasse, cette poche se dilate et prend la forme sphérique.

Maintenant que nous connaissons les caractères généraux et les mœurs de la grenouille, et de plus les particularités de son organisation visibles à l'œil nu et sans dissection, il nous faut étudier les détails de sa structure interne.

En ouvrant l'abdomen, nous voyons qu'il limite une cavité où sont contenus les principaux viscères. L'estomac et l'intestin, le foie, le pancréas, la rate, les poumons, les reins et la vessie urinaire et enfin les organes génitaux y sont enfermés. Cette cavité répond à la fois au thorax et à l'abdomen des Vertébrés supérieurs, de là le nom de *cavité pleuro-péritonéale*. De même la membrane séreuse délicate qui la tapisse et recouvre les viscères qu'elle contient s'appelle la *séreuse pleuro-péritonéale*.

La voûte de cette cavité est traversée en son milieu, dans toute sa longueur, par la colonne vertébrale. A droite et à gauche, le feuillet pleuro-péri-

tonéal qui tapisse la paroi latérale de cette cavité
du corps descend de la colonne vertébrale et va
s'unir à son congénère sur la ligne médiane. C'est
ainsi que se forme le *mésentère* qui soutient l'intestin dans la cavité abdominale. Dans l'intervalle
triangulaire que forment avant de s'unir les deux
feuillets du mésentère, se placent un large canal,
le *sinus lymphatique sous-vertébral*, — et la
chaîne ganglionnaire du sympathique.

La partie dorsale de l'extrémité antérieure de
la cavité pleuro-péritonéale est occupée par l'œsophage, qui met la bouche en communication avec
l'estomac. Au-dessous de l'œsophage, la cavité
péritonéale est séparée, seulement par une cloison délicate, d'une chambre — *le péricarde* —
qui renferme le cœur. La face postérieure de cette
cloison est formée par le péritoine; la face antérieure l'est par une membrane analogue, la séreuse
péricardiaque, qui tapisse le péricarde et se réfléchit sur le cœur, absolument comme le péritoine
tapisse la cavité péritonéale et se réfléchit sur
l'intestin.

Une couche de ces fibres musculaires qui
entre dans la composition des parois abdominales
se continue, à la limite antérieure de la cavité
pleuro-péritonéale, vers l'intérieur du corps, et
forme en s'attachant aux parois de l'œsophage et

à celles du péricarde, une sorte de diaphragme rudimentaire, qui, on doit l'observer, est situé en avant des poumons et non en arrière comme chez les animaux supérieurs.

Ainsi, dans le tronc, du côté ventral de la colonne vertébrale, le corps présente deux cavités : en arrière, la grande cavité pleuro-péritonéale ; en avant, la cavité du péricarde, plus petite que la première. Ni l'une ni l'autre ne communiquent directement avec l'extérieur bien que, chez la femelle, une telle communication s'opère indirectement par le moyen des oviductes.

A la face ventrale de la tête, une très large bouche s'ouvre dans une cavité buccale spacieuse. La voûte de cette cavité est dure et solide, tandis que le plancher en est mou et flexible, sauf que la partie médiane en est occupée par une plaque assez large, aplatie, en grande partie cartilagineuse, le *corps de l'os hyoïde*. En dedans des lèvres, la mâchoire supérieure est garnie de nombreuses petites dents aigües, et deux agglomérations de dents semblables s'aperçoivent à la partie antérieure du toit de la cavité buccale. Ces dernières sont attachées à des os nommés les *vomers*, et pour cette raison sont appelées dents *vomériennes*. Les premières, implantées sur les os *prémaxillaires* et *maxillaires*, sont les dents *maxillaires*. La mâchoire inférieure ou mandibule est dépourvue de dents.

A droite et à gauche des rangées de dents vomériennes, on trouve deux ouvertures, les *narines postérieures*, qui font communiquer les fosses nasales avec la bouche. Sur les parties latérales du pharynx et un peu vers le dos, se présentent deux larges conduits, les *trompes d'Eustache*, qui se rendent aux cavités tympaniques, lesquelles sont fermées à l'extérieur par la membrane du tympan. Chez le mâle de la *Rana esculenta,* les petits orifices des sacs vocaux s'aperçoivent du côté interne de chaque branche de la mâchoire, près de la commissure des lèvres, presque vis-à-vis des trompes d'Eustache. A la partie moyenne de la région dorsale du pharynx s'ouvre l'œsophage. Cet orifice est fermé, sauf pendant la déglutition, par l'accolement de ses parois latérales. Le plancher de l'œsophage présente sur la ligne médiane, dans sa partie inférieure, une fente longitudinale — la *glotte*. Une langue charnue, bifurquée et libre en arrière, s'attache en avant à la partie moyenne de la mâchoire inférieure. Par conséquent, à l'état de repos, elle reste sur le plancher de la bouche avec son extrémité libre tournée en arrière, et un petit prolongement de chaque côté de la glotte.

L'œsophage traverse le diaphragme et se continue par un estomac allongé. Ce dernier organe se rétrécit à son extrémité postérieure, où il s'unit à l'*intestin grêle* étroit. Quoique court, ce dernier organe est trop long comparativement à la cavité abdominale pour y rester droit. Il forme donc plusieurs circonvolutions qui sont suspendues à la paroi dorsale de cette cavité de la façon décrite plus haut. Finalement, à l'intestin grêle fait suite une portion du tube digestif qui se dilate brusquement, le *gros intestin*, et ce dernier s'ouvre dans une chambre pourvue de parois musculeuses, le *cloaque*, dont nous avons déjà mentionné l'orifice externe.

Ainsi le canal digestif est un tube qui va de l'ouverture orale à l'ouverture anale en traversant le corps; et le cœur, enfermé dans le péricarde, est situé sur la ligne médiane, du côté ventral du tube digestif.

Séparée des cavités orale et pleuro-péritonéale par les corps vertébraux et la voûte résistante de la cavité orale qui leur fait suite en avant, il est une cavité allongée, très large dans la tête, mais se rétrécissant en arrière, qui est entourée de tous côtés par les os et les autres parties constituantes de la tête et de la colonne vertébrale : c'est la *cavité neurale;* elle renferme le cerveau et la moelle épinière, qui, par leur réunion, constituent l'axe nerveux cérébro-spinal.

La cavité neurale est tapissée par une membrane séreuse analogue au péritoine et au péricarde, et cette *membrane arachnoïdienne* se réfléchit sur elle-même autour de l'axe cérébro-spinal, de telle sorte que ce dernier est avec elle dans le même rapport que le cœur avec le péricarde.

Les *nerfs cérébro-spinaux*, qui partent du cerveau et de la moelle épinière, passent, pour arriver à leur destination, à travers les parois de la cavité neurale qui les entourent.

Une section transversale de la tête, faite dans la région des yeux, montrera sur la ligne médiane une cavité dorsale qui contient le *cerveau*, partie antérieure de l'axe cérébro-spinal. Le plancher résistant du crâne la sépare d'une cavité ventrale, la bouche.

Une section transversale de l'abdomen montrera une cavité dorsale contenant la partie postérieure de l'axe cérébro-spinal, la moelle épinière, séparée par le plancher résistant de la colonne vertébrale d'une cavité ventrale qui renferme le tube digestif et qui se continue avec la bouche. Mais cette continuation postérieure du tube digestif est embrassée par une vaste chambre pleuro-péritonéale, dont il n'y a pas trace dans la tête.

14

En comparant une section transversale de l'abdomen de la grenouille avec une section transversale passant par le milieu du corps du homard, on verra que si, dans les deux cas, les principaux centres nerveux sont d'un côté du tube digestif et le cœur du côté opposé, en revanche il n'y a pas chez le homard de cloison solide et complète qui sépare les centres nerveux du tube digestif. En outre, la face du corps sur laquelle se trouvent les centres nerveux est celle sur laquelle le homard repose naturellement, tandis que dans la grenouille c'est l'inverse. Les membres sont tournés du côté neural chez le homard et du côté opposé chez la grenouille. Les mêmes dissemblances existent entre tous les Vertébrés et tous les Arthropodes.

En employant le mot de *squelette*, au sens le plus large, pour désigner la charpente qui protège, supporte et unit les différentes parties de l'organisme, on trouve que chez la grenouille il est constitué par quatre sortes de tissus : les tissus corné, osseux, cartilagineux et conjonctif.

En outre, les parties dures, ou bien se développent sur le tégument et constituent un *exosquelette*, ou bien sont profondément situées et appartiennent à l'*endosquelette*.

Laissant de côté toute question relative à la

nature de certains os du crâne, nous pouvons dire qu'il n'y a presque pas d'exosquelette chez la grenouille, et qu'il n'y est réprésenté que par le revêtement corné de l'éperon.

L'endosquelette, au contraire, est bien développé, et, comme dans tous les vértébrés supérieurs, se laisse différencier en une portion axiale et une portion appendiculaire. L'*endosquelette axial* est constitué par la notocorde, la colonne vertébrale et le crâne.

L'*endosquelette appendiculaire* se rencontre dans les membres et dans les arcs pectoraux et pelviens auxquels ils sont attachés.

Dans l'ordre de son développement, l'endosquelette est en premier lieu représenté par la notocorde seule; en second lieu par du tissu conjonctif embryonnaire et du cartilage embryonnaire s'ajoutant à la notocorde; troisièmement ces tissus acquièrent leurs caractères spéciaux; quatrièmement ils sont remplacés par de l'os.

Le processus de conversion ou de remplacement qui vient d'être indiqué ici est très incomplet, même dans la grenouille adulte, chez laquelle on trouve au centre des vertèbres des restes de notocorde; et le cartilage, qui à l'état larvaire compose la plus grande partie du squelette, persiste en quantité considérable.

On trouve que ce cartilage forme les surfaces libres des corps vertébraux, les extrémités du style caudal (urostyle) et les extrémités des apophyses transverses ; il entre encore pour une grande part dans la composition du sternum. Dans le crâne, le parasphénoïde[1], les vomers, les pariéto-frontaux, les nasaux, les pré-maxillaires, les maxillaires, les jugaux, les squamosaux et les parties osseuses de la mandibule peuvent s'enlever par macération, laissant en arrière le crâne cartilagineux primitif ou *chondro-cranium,* qui n'est altéré qu'autant qu'il a été en partie remplacé par de l'os.

Il fournit le plancher, les parois latérales et la voûte de la boîte cranienne, interrompue seulement par un grand espace (appelé *fontanelle*) recouvert d'une membrane qui se trouve dans la région inter-orbitaire sous les pariéto-frontaux, et par des perforations pour l'issue des nerfs crâniens. Il est entièrement constitué par du cartilage, excepté là où les ex-occipitaux, les pro-otiques, et le sphéno-ethmoïde envahissent sa substance. Au-devant de la cloison de la cavité antérieure du sphéno-ethmoïde, il se prolonge antérieurement

---

1. Voyez la manipulation D, c, pour la structure du crâne osseux (*ostéo-cranium*). On doit s'en rendre parfaitement compte avant de passer à l'étude du crâne cartilagineux ou *chondro-cranium*.

entre les deux sacs nasaux, comme cloison cartilagineuse située entre les cavités nasales (*septum
narium*). Du côté dorsal et du côté ventral partent des ailes transversales de cartilage qui four-
nissent respectivement une voûte et un plancher
aux fosses nasales. De ces deux formations, la
plus large est le plancher. Les ailes dorsales et
ventrales se rejoignent là où le chondro-cranium
se termine antérieurement et donnent naissance à
une face terminale tronquée qui est large dans le
sens transversal, étroite de haut en bas et convexe
dans ce dernier sens. Les angles latéraux de cette
face tronquée se prolongent extérieurement et antérieurement en deux *apophyses pré-nasales* aplaties: elles s'élargissent à l'extérieur et se terminent par des bords libres qui supportent les
portions adjacentes des pré-maxillaires et des
maxillaires. De la face ventrale, précisément en
arrière de l'extrémité antérieure tronquée du chondro-cranium, naissent deux cartilages étroits, les
apophyses rhinales. Chacune d'elles s'incline vers
la ligne médiane et se termine contre le milieu de
la face postérieure de l'apophyse ascendante du
prémaxillaire par une extrémité verticale allongée. Un nodule ovale de cartilage s'attache à la
face postérieure de l'extrémité dorsale de l'apophyse ascendante du pré-maxillaire, et sert à

14.

l'unir avec l'apophyse rhinale. Sur la face dorsale du chondro-cranium, précisément au-dessus du point d'insertion des apophyses rhinales, se trouvent les orifices externes des fosses nasales, et les bords extérieurs et postérieurs de chacun de ces orifices sont entourés et supportés par une curieuse apophyse courbe de l'aile cartilagineuse, l'*apophyse ali-nasale*. A l'endroit où les portions sphénoïdale et ethmoïdale du sphénethmoïde se réunissent, on voit une barre solide, transversale, en partie osseuse, en partie cartilagineuse, perforée à son origine d'un canal pour le passage du nerf orbito-nasal. Alors elle se rétrécit, mais, en s'aplatissant de haut en bas, s'élargit de nouveau; enfin son extrémité, qui a la forme d'un fer de hache, aboutit contre la face interne de la mâchoire. L'angle antérieur de ce fer de hache est libre; l'angle postérieur se continue en arrière sous la forme d'une apophyse *ptérygoïde*, étroite, cartilagineuse, qui se bifurque en arrière. La division externe se continue avec la branche (*crus*) ventrale du *suspensorium*. La division interne est le *pédicule du suspensorium*; elle s'unit par une articulation avec la face antérieure des deux larges apophyses latérales de la partie inférieure du chondro-cranium, laquelle contient le labyrinthe auditif et s'appelle la *capsule péri-otique*. Le *suspensorium* est une trabécule de cartilage situé entre le squamosal et les os ptérygoïdes et qui, à son extrémité distale , s'articule avec le *cartilage de Meckel,* lequel forme l'axe de chaque branche de la mandibule. A son extrémité dorsale, le suspensorium se divise aussi en deux branches divergentes ou *crura* (on a dit plus haut que l'une d'elles, la branche ventrale, se continuait avec l'os ptérygoïde). La branche dorsale, d'autre part, se dirige vers le haut, puis se recourbe en arrière et finit par s'attacher à la portion dorsale de la face externe de la capsule périotique.

Dans la plus grande partie de son étendue, le cartilage de Meckel, articulé avec l'extrémité libre du suspensorium, ne subit pas l'ossification ; il ne se développe pas d'articulaire osseux, mais, à son extrémité symphysienne, chaque cartilage s'ossifie et constitue l'élément mento-meckélien de la mandibule.

La bande étroite cartilagineuse (corne de l'os hyoïde), qui rattache au crâne le corps de l'os hyoïde, s'unit à la capsule périotique immédiatement au-devant et au-dessus de la fenêtre ovale.

Les arcs pectoraux et pelviens (voy. à la manipulation D. *e.* **g.**) sont, chez le jeune, de chaque côté une masse unique de cartilage, et en se développant dans eux et sur eux, le tissu osseux ne détruit pas en réalité leur continuité, car le cartilage persiste aux extrémités des os et entre eux, dans les cavités glénoïde et cotyloïde (acétabulum).

Pareillement, le squelette des membres est constitué à l'origine par des modèles purement cartilagineux de l'os parfait ; mais, au cours du développement, ce modèle cartilagineux s'entoure en son milieu d'une gaîne d'os vrai, tandis qu'un dépôt calcaire s'effectue aux deux extrémités par lesquelles s'accroît le cartilage. Au fur et à mesure que l'os grandit, la gaîne de tissu osseux envahit le milieu du cartilage et le remplace plus ou moins ; tandis que les portions terminales du cartilage continuent à s'accroître et que le dépôt calcaire continue à s'y effectuer, sans toutefois atteindre leurs surfaces. Ainsi, un des plus grands des os des membres de l'adulte, le fémur, consiste en un cylindre médian d'os et en deux cônes terminaux de cartilages qui contiennent les épiphyses calcifiées, et qui pénètrent dans les extrémités creuses de ce cylindre tout en les recouvrant plus ou moins.

La disposition générale des parties qui se rencontrent dans la bouche a été décrite plus haut.

On ne trouve des dents que sur les prémaxillaires, les maxillaires et les vomers. Elles sont petites, pourvues de pointes recourbées et aiguës. De nouvelles dents se forment constamment dans la gencive pour remplacer celles qui sont usées ou brisées. Lorsqu'elles ont achevé leur croissance, ces dents s'ankylosent avec les apophyses de l'os sous-jacent.

L'œsophage garde toujours le même diamètre jusqu'à son arrivée dans l'estomac qui se trouve situé à gauche dans la cavité abdominale et qui a presque la même longueur. L'estomac se rétrécit en arrière et sa portion pylorique, presque tubulaire, se recourbe fortement et se continue avec le duodénum. Une légère constriction marque le pylore. Le duodénum passe au-devant de l'estomac et parallèlement à lui de façon à former avec lui une espèce d'anse. Vers son extrémité antérieure, il se continue avec le reste de l'intestin grêle (*iléum*) qui s'enroule sur lui-même de façon à former une sorte de paquet, et se trouve situé au côté droit de la cavité abdominale où il est maintenu en place par un repli mésentérique du péritoine.

L'intestin grêle se dirige en arrière sur la ligne médiane et aboutit à l'extrémité antérieure du volumineux *gros intestin* qui comprend *côlon* et *rectum*.

La paroi interne de l'estomac forme de nombreux et volumineux replis longitudinaux qui proéminent dans sa cavité et qui lui donnent en section transversale une apparence étoilée. Des prolongements beaucoup plus délicats de ces replis se continuent dans l'intestin grêle et là se relient les uns aux autres par des replis transversaux.

Au point où l'iléum s'ouvre dans le colon il existe une valvule dont les bords s'avancent en arrière dans la cavité du colon. Du côté dorsal, ce dernier présente en avant une légère dilatation qu'on peut regarder comme un rudiment de cœcum.

Le foie est très volumineux, il est divisé en deux lobes, unis par une partie étranglée dorsale et antérieure. Le lobe gauche est à son tour divisé en deux. La vésicule biliaire est attachée à la face postérieure et dorsale du lobe droit. Le conduit biliaire s'ouvre dans le duodénum un peu au-dessous du pylore et sa terminaison est embrassée par la base du pancréas étroit.

La rate, de forme ronde, se trouve dans le mésentère plutôt à gauche qu'à droite, précisément au-dessus du point de réunion du duodénum et de l'iléum.

L'appareil de la circulation dans la grenouille est constitué par les vaisseaux sanguins, les vaisseaux lymphatiques et leur contenu.

La lymphe est un liquide incolore qui contient des globules nucléés, incolores, doués de mouvements amiboïdes : elle est contenue en partie dans de grandes lacunes situées immédiatement au-dessous du tégument, dans la cavité pleuro-péritonéale et probablement dans les autres cavités séreuses, et en partie dans des capillaires et des troncs plus volumineux qui accompagnent les vaisseaux sanguins et s'entrelacent avec eux. Le plus volumineux de ces troncs est le *grand sinus lymphatique sous-vertébral* qui se trouve entre les feuillets du mésentère, à l'origine de ce dernier, et qui communique par de petits pores avec la cavité pleuro-péritonéale. Il y a là quatre *cœurs* lymphatiques.

Le sang est constitué par un *plasma* incolore qui contient des *globules blancs*, analogues à ceux de la lymphe, et, de plus, un grand nombre de *globules* ovales, nucléés, *rouges*. Il est renfermé dans des vaisseaux sanguins, qui sont des capillaires, des artères et des veines. Ces deux dernières sortes de vaisseaux sont en connexion, d'une part avec les capillaires, de l'autre avec le cœur dans lequel ils s'ouvrent. Les vaisseaux lymphatiques et sanguins communiquent les uns avec les autres par des orifices qui font communiquer les cœurs lympha-tiques antérieurs avec les veines *innominées* et les cœurs lymphatiques postérieurs avec les veines *iliaques*.

Le cœur est en rapport avec les parois du péricarde, sur lesquelles on aperçoit des taches de pigment, par des vaisseaux qui se dirigent vers lui ou qui en partent, et par un tractus étroit qui passe de la face dorsale de la base du ventricule à la partie postérieure et dorsale de la chambre péricardique.

Le cœur est constitué par quatre segments faciles à distinguer : 1° le *sinus veineux*, 2° l'*atrium*, 3° le *ventricule*, et 4° le *bulbe artériel,* disposés de telle façon que le sinus veineux, qui est la division située le plus en arrière, se trouve sur la ligne médiane du côté dorsal du cœur. L'atrium aussi est médian et dorsal, mais en avant du sinus veineux; le ventricule est médian, ventral et postérieur; et le bulbe passe obliquement en avant du côté droit du ventricule et est ventral et antérieur. Le cœur peut donc être comparé à un tube divisé par des étranglements en quatre portions et, pour ainsi dire, recourbé en forme d'S.

De chaque côté, le sinus veineux reçoit en avant une grande veine, la *veine cave supérieure;* tandis qu'en arrière il reçoit une veine, ordinairement unique, la *veine cave inférieure*. Il s'ouvre dans l'*atrium* par un orifice muni d'une valvule. L'atrium n'offre à l'extérieur aucun indice de division; mais à l'intérieur il est divisé par une cloison délicate, la *cloison auriculaire*, en une petite *oreillette gauche* et en une grande *oreillette droite*. Le sinus veineux s'ouvre dans l'atrium à droite de la cloison et par conséquent dans l'oreillette droite. Dans l'oreillette gauche se déverse la *veine pulmonaire commune*, petit tronc formé par la jonction des veines venant du poumon droit et du poumon gauche. A son extrémité postérieure, l'atrium s'ouvre dans le ventricule par un orifice auriculo-ventriculaire.

Une petite valvule, dont de fines cordes tendineuses empêchent le renversement, existe de chaque côté de cette ouverture. La cloison des oreillettes se continue en arrière sur les faces de ces valvules et se termine entre elles par un bord libre, divisant ainsi l'orifice auriculo-ventriculaire en deux orifices.

Les parois du sinus et de l'atrium sont très minces. Celles du ventricule, d'autre part, sont épaisses et spongieuses, et ne laissent libre qu'une cavité relativement petite, allongée transversalement, à l'extrémité antérieure ou base du ventricule. A l'extrémité droite de cette base est une ouverture qui conduit dans le bulbe artériel. Trois valvules semi-lunaires, qui s'ouvrent du ventricule dans le truncus artériosus, entourent cet orifice.

Les parois du *bulbe artériel* sont épaisses et musculeuses, mais cependant n'atteignent pas l'épaisseur des parois ventriculaires. A son extrémité antérieure, on le voit se diviser en deux troncs qui divergent et abandonnent immédiatement le péricarde pour aller sur les côtés de l'œsophage. La portion allongée indivise est le *pylangium*, la portion terminale commune aux troncs divergents est le *synangium*. Le premier est divisé dans toute sa longueur par une sorte de repli qui s'attache à la paroi dorsale et dont l'autre bord est libre. Trois valvules semi-lunaires séparent le pylangium du synangium, dans lequel s'ouvrent, en arrière, les *artères pulmonaires*, et, en avant, les *troncs aortiques;* tandis que, sur les côtés, la cavité du synangium reçoit les arcs aortiques droit et gauche. Les branches, simples en apparence, qui résultent de la division du bulbe artériel, sont en réalité constituées chacune par trois troncs distincts : le *tronc pulmo-cutané* en arrière, l'*arc aortique* sur la ligne médiane, et le *tronc carotidien* en avant.

Quand le cœur est actif, le sinus veineux, l'atrium, le ventricule et le *bulbe artériel* se contractent dans l'ordre même où nous venons de les

nommer. Chacun deux se contracte comme un
tout, de telle sorte que les deux oreillettes se
vident simultanément. Le sang que contient chacune d'elles est forcé de passer dans la moitié correspondante de la cavité spongieuse du ventricule,
de façon que la moitié droite du ventricule contient
du sang veineux et la moitié gauche du sang artériel. Au moment où la systole du ventricule se produit, le sang qui est d'abord chassé dans le bulbe
artériel (dont l'orifice est comme on l'a vu à l'extrémité droite du ventricule) est par conséquent du
sang veineux. Il remplit le cône artériel et, trouvant
une résistance moindre du côté des vaisseaux pulmonaires courts et larges, entre dans ces vaisseaux
à gauche de la valvule médiane. Aussitôt rempli
et distendu, comme la résistance est moindre partout ailleurs, la dernière portion du sang, constituée par les sangs veineux et artériel qui se sont
mélangés au milieu du ventricule, passe à droite
de la valvule longitudinale dans les arcs aortiques.
Et, comme le bulbe artériel se distend de plus en
plus, la valvule longitudinale, relevée, tend de
plus en plus à oblitérer les orifices des artères pulmonaires et à empêcher le sang d'y arriver.

En dernier lieu, la dernière portion du sang
contenu dans le ventricule, représentant le sang
complètement artérialisé de l'oreillette gauche qui

arrive le dernier à l'orifice du bulbe, passe dans les troncs carotidiens et se distribue à la tête. Les principaux vaisseaux de la grenouille sont disposés comme il suit :

A. Artères.

1. Système de *l'arc aortique antérieur* (*tronc carotidien*).

a. Artère *linguale*, — à la langue.

b. Artère *carotide*, — à l'intérieur du cráne et au cerveau.

2. Système de *l'arc aortique moyen* (*troncs aortiques*).

a. Artères *vertébrales* et *sous-clavière*, — à la colonne vertébrale et aux membres antérieurs. Artère *œsophagienne* à l'œsophage.

b. Artère *cœliaco-mésentérique* (naît de l'arc gauche, ou de l'aorte dorsale, ou enfin à la jonction des deux arcs).

α. Artère *cœliaque*, à l'estomac et au foie.

ε. Artère *mésentérique*, à l'intestin et à la rate.

c. Des ramifications de l'aorte dorsale se distribuent aux reins, aux organes génitaux et aux muscles du dos.

d. Les branches terminales de l'aorte dorsale

(*iliaque commune*); chacune d'elles donne naissance aux artères hypogastriques qui vont à la vessie et aux parois de l'abdomen, et se continue dans le membre inférieur sous le nom d'artère fémorale.

3. Le système de l'*arc aortique postérieur* (*tronc pulmo-cutané*).

a. L'artère pulmonaire au poumon.

b. L'artère *cutanée* au tégument dorsal.

B. Veines.

1. Le système de la *veine cave supérieure* formée, de chaque côté, par la réunion de la *veine innominée*, de la *sous-clavière* et de la *jugulaire externe*.

a. Veine jugulaire interne : sort du crâne par le foramen jugulaire et ramène le sang du cerveau, de la moelle épinière et de la région vertébrale antérieure.

b. Sous-scapulaire : ramène le sang du bras et de l'épaule. Ces deux veines *a* et *b* formaient par leur réunion la veine innominée.

c. La veine *musculo-cutanée* reçoit le sang de la surface de la tête (sauf les régions mandibulaires et hyoïdiennes) et celui qui vient de la partie dorsale du tronc, et passe en avant entre les muscles obliques interne et externe de l'abdomen.

d. La *veine brachiale* reçoit le sang de l'avant-bras et de la main.

Ces deux dernières veines (*c* et *d*) forment en se réunissant la veine *sous-clavière*.

c. Les veines de la région mandibulaire et celles de la langue forment en s'unissant la veine jugulaire externe.

2. Le système de la *veine cave inférieure* formé par l'union des *rénales*, *génitales* et *hépatiques*.

a. La veine *fémorale*, qui vient de la partie antérieure du membre inférieur, et

b. La veine *sciatique*, qui vient de la partie postérieure du membre, amène le sang dans un tronc qui se trouve sur la paroi latérale du bassin et qui peut s'appeler la veine *pelvienne*; l'extrémité dorsale de cette dernière devient

c. La *veine iliaque commune*, qui passe le long du bord externe du rein, et se distribue à cet organe, d'où le sang est charrié à la veine cave inférieure par les veines rénales.

d. La veine *dorso-lombaire*, qui longe les apophyses transverses des vertèbres et reçoit le sang venant des parois de l'abdomen et de la cavité rachidienne, s'ouvre dans l'iliaque commune.

3. Le système de la *veine abdominale antérieure*,

formé par la réunion des extrémités ventrales des veines pelviennes (2, *b*). Elle reçoit le sang qui vient de la vessie urinaire et des parois de la cavité abdominale, et se divise à son extrémité antérieure en deux branches, une à droite et une à gauche. Ces branches vont aux lobes correspondants du foie ; la branche gauche reçoit une ramification provenant de la division gastrique de la *veine porte*.

4. Le système de la *veine porte;* l'une, la *veine gastrique*, ramène le sang de l'estomac ; l'autre, la veine *liéno-intestinale*, ramène le sang provenant de la rate et des intestins.

[Il s'ensuit que le lobe gauche du foie et une partie du lobe droit sont arrosés par du sang veineux provenant de leur circulation, plus ou moins mêlé de sang veineux gastrique, tandis que seulement une partie du lobe gauche reçoit du sang veineux intestinal. On doit se rappeler que, outre le sang veineux, le foie reçoit, par l'artère hépatique, du sang ˙artériel.]

5. Le système de la *veine pulmonaire* formé par la réunion des veines venant du poumon gauche et du poumon droit.

Outre les appareils de la circulation sanguine, la grenouille possède deux paires de cœurs lymphatiques. Ce sont des sacs musculeux contractiles qui communiquent d'une part avec les vaisseaux lymphatiques et d'autre part avec de grandes veines avoisinantes; ils chassent dans ces veines la lymphe contenue dans les grands vaisseaux lymphatiques et dans la cavité pleuro-péritonéale de la grenouille.

Les cœurs lymphatiques antérieurs sont placés sur les apophyses transverses de la troisième vertèbre, au-dessous du bord des scapulums; la paire postérieure se trouve à droite et à gauche de l'urostyle; les pulsations de ces cœurs lymphatiques peuvent être observées, en examinant avec soin la peau de cette région sur une grenouille vivante.

Le *thymus* est un petit corps arrondi situé immédiatement au-dessous de l'os hyoïde, dans une position correspondant aux extrémités dorsales des arcs branchiaux oblitérés.

Le *corps thyroïde* paraît être représenté par deux ou plusieurs corps ovales que l'on trouve attachés aux vaisseaux de la langue, et entre les troncs aortiques et pulmo-cutané.

Les *glandes surrénales* sont des corps jaunes enfouis dans la face ventrale du rein.

La glotte de la grenouille a l'aspect d'une fente. Elle est formée par l'apposition de deux replis longitudinaux de la membrane muqueuse de la bouche, dont chacun contient un cartilage exactement semblable dans les deux. Ce sont les *car-*

tilages aryténoïdes. Ils s'articulent avec un cartilage annulaire (*laryngo-trachéal,*) qui supporte les parois d'une cavité très courte, laquelle représente le larynx et la trachée. Quand on écarte les deux plis qui forment la glotte, on voit entre eux deux poches membraneuses, dont les bords libres se rencontrent sur la ligne médiane, tandis qu'en avant et en arrière ils se continuent avec la membrane muqueuse qui tapisse les plis longitudinaux. Ce sont là les *cordes vocales* et la fente qui se trouve entre elles répond à la glotte chez l'homme. Elles produisent en vibrant le coassement de la Grenouille.

A droite et à gauche, la chambre laryngo-trachéale s'ouvre dans le poumon correspondant. Le poumon est un sac ovale, transparent, quelque peu allongé en arrière, qui se trouve à côté de l'œsophage dans la région dorsale de la cavité abdominale. Il est recouvert par un feuillet de la membrane pleuro-péritonéale qui représente le feuillet viscéral de la plèvre des animaux supérieurs. La paroi du sac pulmonaire s'avance à l'intérieur en formant des cloisons, qui sont beaucoup plus proéminentes et plus nombreuses dans la portion antérieure que dans la portion postérieure du poumon et qui divisent la périphérie de cette cavité en nombreuses cellules aériennes, sur les parois desquelles se distribuent les ramifications de l'artère pulmonaire.

Les poumons sont élastiques (un poumon distendu s'affaisse aussitôt qu'il est piqué) et ils contiennent de nombreuses fibres musculaires.

Chez la Grenouille, l'inspiration s'effectue la bouche agissant comme une pompe foulante. La bouche étant fermée et les narines externes ouvertes, le plancher de la bouche s'abaisse et la cavité buccale se remplit d'air. Alors les narines se ferment, l'os hyoïde s'élève entraînant avec lui le plancher de la bouche, et, en même temps, l'entrée de l'œsophage se ferme. De cette façon l'air est forcé de passer à travers la glotte et distend les poumons.

Dans l'expiration telle qu'elle s'effectue ordinairement, l'élasticité des poumons et la pression des viscères environnants suffisent probablement à expulser l'air; mais cette opération peut recevoir un secours puissant, d'abord de la contraction des fibres musculaires intrinsèques du poumon; ensuite de la contraction des muscles des régions latérales et ventrales de la paroi abdominale; troisièmement enfin de la contraction des musculaires qui forment le diaphragme; toutes ces actions tendent, soit directement, soit indirectement, à diminuer la capacité des poumons.

Il faut absolument que, pendant l'inspiration, la bouche soit fermée, et il paraît, dit-on, qu'on peut asphyxier des grenouilles en maintenant leur bouche ouverte.

Outre le poumon, appareil principal de la respiration, la Grenouille possède un appareil respiratoire secondaire dans sa peau humide et délicate. En effet, une quantité considérable de sang veineux arrive à cet organe par l'intermédiaire de la volumineuse branche cutanée de l'artère pulmocutanée. On s'est assuré expérimentalement que des grenouilles auxquelles on a extirpé les poumons continuent à vivre et à respirer longtemps, surtout à une basse température, au moyen de leur peau.

Les reins allongés, aplatis latéralement, sont maintenus en place par le péritoine qui se continue sur leur face ventrale. Les conduits excréteurs des reins partent du point où se réunissent le tiers médian et le tiers postérieur du bord extérieur de chaque rein, se rapprochent en se dirigeant en arrière et s'ouvrent dans la paroi postérieure du cloaque par deux petites ouvertures en boutonnière très rapprochées l'une de l'autre.

La vessie urinaire est un grand sac bilobé, qui s'ouvre en arrière, par une large ouverture médiane, dans l'extrémité antérieure du cloaque, du côté ventral du rectum.

Les *testicules* sont des corps sphériques, jaunâtres, situés au-devant des reins et enveloppés par le péritoine, dont un repli, qui forme une espèce de mésentère testiculaire ou *mésorchium*, se continue avec celui qui recouvre la face ventrale du rein. On peut voir les délicats *vasa efferentia* du testicule traverser ce repli pour entrer dans la substance du rein. Ils communiquent avec les tubes urinifères. De la sorte, le conduit excréteur du rein ne joue pas seulement le rôle d'un uretère, mais aussi celui d'un canal déférent.

Les spermatozoïdes de la *Rana esculenta* ont des têtes volumineuses et cylindriques, tandis que ceux de la *Rana temporaria* ont une tête linéaire.

Les ovaires sont des organes lamelleux, larges, très volumineux et qui se plissent beaucoup dans la saison des amours. Chacun est creux à l'intérieur et divisé en plusieurs chambres. D'innombrables ovisacs, contenant des ovaires de couleur foncée, sont parsemés à travers la substance de l'ovaire et donnent naissance à des proéminences qui s'avancent progressivement à l'intérieur de la cavité ovarienne.

Les oviductes sont de longs tubes enroulés situés à droite et à gauche sur la paroi dorsale de la cavité abdominale, à laquelle ils sont attachés par des replis du péritoine; chacun deux se recourbe à la face externe de la racine du poumon. Leurs extrémités antérieures sont très effilées et se terminent de chaque côté du péricarde par des orifices béants, entre l'insertion du diaphragme et le lobe du foie. Le repli du péritoine qui joue le rôle de ligament, qui attache le lobe du foie au diaphragme, à l'œsophage et à la paroi postérieure du péricarde, constitue en réalité la lèvre externe de l'orifice de l'oviducte. Dans la plus grande partie de leur longueur, les parois de l'oviducte sont épaisses, glanduleuses, et se gonflent si on les met dans l'eau. En arrière, les oviductes se dilatent pour former des chambres spacieuses à parois minces et se terminent, tout près l'un de l'autre, par des orifices qui s'ouvrent dans la paroi dorsale du cloaque au devant des orifices des oviductes.

A sa maturité, chaque œuf est constitué par une membrane vitelline anhiste, renfermant un vitellus, dans lequel est une vésicule germinative, laquelle à son tour contient plusieurs taches germinatives. Une moitié du vitellus est colorée en noir, l'autre est de couleur pâle.

Les actions des différentes parties de l'organisme de la grenouille sont coordonnées ensemble, et se mettent en rapport avec le monde extérieur au moyen des systèmes nerveux et musculaire et des organes des sens.

Les muscles sont constitués, les uns par des fibres striées, les autres par des fibres lisses ; la première sorte de fibres compose seulement les muscles de la tête, du tronc, des membres et du corps, tandis que l'autre se rencontre dans les viscères et les vaisseaux. On trouvera, dans la partie de ce chapitre consacrée aux exercices pratiques, un aperçu de la disposition des muscles dans le membre inférieur.

Il est commode de diviser le système nerveux en deux parties, le *système nerveux cérébro-spinal* et le *système sympathique*. A son tour, le système nerveux cérébro-spinal est constitué par le cerveau ou *encéphale*, et la moelle épinière, chacun avec les nerfs qui en partent.

L'encéphale est renfermé dans la cavité crânienne qu'il emplit presque entièrement et se divise en *cerveau postérieur*, *cerveau moyen* et *cerveau antérieur*. La dernière de ces divisions comprend à son tour trois divisions : le thalamencéphale, les hémisphères cérébraux, et les lobes olfactifs.

La moelle allongée forme en majeure partie le cerveau postérieur. Elle continue en avant la moelle épinière et présente, sur sa face dorsale, une cavité triangulaire dont le sommet est dirigé en arrière. Elle est recouverte comme d'une voûte

par une membrane épaisse et très vasculaire
(plexus choroïde), dont la surface intérieure
présente des plis transversaux de chaque côté
d'une crête longitudinale médiane. La cavité s'appelle le *quatrième ventricule;* elle communique en
arrière avec le canal central de la moelle, tandis
qu'en avant un passage étroit met le quatrième ventricule en rapport avec les cavités situées en avant
de lui. Les crêtes latérales épaisses de substance
nerveuse situées à droite et à gauche du quatrième ventricule, et qui représentent les corps
restiformes, se continuent en avant avec les extrémités externes d'une plaque courte et large, en
forme de langue, à face ventrale convexe, à face
dorsale convexe, qui recouvre la partie antérieure
du quatrième ventricule, et qui est le *cervelet.*

En avant du cervelet, la moitié dorsale du cerveau moyen est formée par deux corps ovales, dont
les grands axes sont dirigés à l'intérieur et en bas;
ce sont les *lobes optiques.* Si on les ouvre, on voit
que chacun d'eux contient une cavité ou ventricule, munie d'un orifice à sa face interne. Ces orifices communiquent avec un passage étroit, dans lequel il donne issue lui-même dans l'*iter a tertio ad
quartum ventriculum,* tel est le nom donné au canal qui conduit, à travers le mésencéphale, du troisième au quatrième ventricule. Le plancher de ce

canal est formé par l'épaisse masse principale de l'axe cérébro-spinal. Il présente une dépression longitudinale médiane ou raphé, et présente dans cette région les *crura cerebri*.

Au-devant du cerveau moyen se trouve la division postérieure du cerveau antérieur ou le *thalamencéphale*, qui est très distinct chez la Grenouille et qui est creusé en son milieu d'une cavité, le troisième ventricule. De chaque côté, la cavité du troisième ventricule est limitée par une masse épaisse de substance nerveuse où se continuent les crura cerebri. Ce sont les *couches optiques*. Du côté dorsal, les parois du troisième ventricule sont très minces et très faciles à déchirer, sauf en arrière, où se trouve une bande épaisse, transversale, de substance nerveuse, la commissure postérieure.

Un tractus délicat part de la partie antérieure ou toit du troisième ventricule et se rend à la *glande pinéale*, corps oval logé entre les parties postérieures des hémisphères cérébraux. La partie antérieure du plancher du ventricule, d'autre part, se prolonge en une masse bilobée dirigée en arrière, qui est l'*infundibulum*. L'infundibulum est en rapport en bas avec le *corps pituitaire*. En avant de ce dernier, on voit la commissure des nerfs optiques.

En avant, le troisième ventricule est limité par la

lamina transversalis épaisse qui contient la *commissure antérieure*. De chaque côté, entre cette dernière et le pédoncule de la glande pinéale, se trouve un petit orifice, le *trou de Monro*. Il conduit dans une cavité creusée dans l'intérieur de l'hémisphère cérébral, le ventricule latéral.

Les hémisphères sont des corps allongés, plus larges en arrière qu'en avant, où on ne peut les distinguer des lobes olfactifs que grâce à une légère constriction. La paroi antérieure du ventricule, bien que relativement épaisse, ne présente rien qui puisse être appelé un *corps strié* distinct. La paroi interne forme une ou deux proéminences convexes dans l'intérieur du ventricule.

La cavité ventriculaire devient très étroite en se continuant à la base des lobes olfactifs, et les lobes prennent la forme de cordons nerveux qui abandonnent le crâne et se ramifient à la face postérieure des fosses nasales.

Les faces internes des hémisphères sont entièrement libres et séparées par une fente, la *grande fente cérébrale;* mais les faces internes des commencements des lobes olfactifs sont complètement réunies ensemble et donnent ainsi naissance à une sorte de *corps calleux*.

Ce qu'on appelle ordinairement les nerfs crâniens sont au nombre de dix paires, mais on doit se rappeler qu'il est prouvé, par l'étude de leur développement, que la première et la seconde paire sont des lobes de l'encéphale.

1. *Nerfs olfactifs.*

Les *lobes olfactifs* correspondent à ce qu'on appelle les *nerfs olfactifs* chez les vertébrés supérieurs. Ils se distribuent exclusivement aux fosses nasales.

2. *Nerfs optiques.*

Ils partent en divergeant de la base du cerveau en avant de l'infundidulum. A leur origine, ce sont des diverticules du thalamencéphale, qui plus tard se mettent en rapport avec les lobes optiques.

Des autres nerfs crâniens, cinq paires quittent le crâne en avant des capsules auditives, tandis qu'une paire entre dans ces capsules et que deux paires partent en arrière.

Les nerfs *préauditifs* sont les suivants :

3. *Moteurs oculaires communs.*

Ils naissent de la partie antérieure du plancher du cerveau moyen et se distribuent à tous les muscles de l'œil, à l'exception du droit externe, de l'oblique supérieur et du rétracteur du bulbe.

4. *Pathétiques.*

Ils naissent du plancher du cerveau moyen et se dirigent vers la face dorsale de l'encéphale, entre le cervelet et les lobes optiques. Ils se distribuent aux muscles obliques supérieurs de l'œil.

5. *Trijumeaux*.

Ils naissent à la partie antérieure du plancher du cerveau postérieur et se dirigent vers les côtés. Alors chacun d'eux prend en se dilatant la forme d'une masse jaune, le *ganglion de Gasser*, lequel est situé au-devant de la capsule auditive dans le trou de l'os pro-otique par lequel le nerf sort du crâne, après avoir quitté le ganglion.

Ce ganglion est en connexion avec les trous des sixième et septième nerfs et avec l'extrémité antérieure du sympathique, et quelques ramifications qui semblent en partir proviennent en réalité des sixième et septième paires. En quittant le ganglion, le nerf se divise en trois branches principales, l'*orbito-nasale*, la *palatine* et la *maxillo-mandibulaire*.

I. Le nerf orbito-nasal (appelé d'ordinaire la première branche de la cinquième paire) se distribue :

a. Au droit externe.

b. Au rétracteur du bulbe.

(Les branches *a* et *b* appartiennent à la sixième paire.)

c. Une branche qui s'anastomose avec la quatrième paire.

d. Une branche à la glande de Harder.

e. Le trou principal passe à travers la protubérance anté-orbitaire du crâne dans la chambre nasale, et se distribue en dernier lieu à la membrane muqueuse olfactive et au tégument du museau.

II. Le *nerf palatin* se distribue :

a. A la voûte de la cavité buccale.

b. Son tronc principal se dirige en avant entre la membrane muqueuse du palais et le crâne, perce le vomer et se termine dans la membrane muqueuse de la partie antérieure du palais. (Ce nerf provient principalement, sinon entièrement, de la septième paire).

III. Le *maxillo-mandibulaire* se divise en deux troncs appelés d'ordinaire seconde et troisième branches de la cinquième paire.

a. Le *maxillaire* passe en dehors de l'œil et se distribue aux téguments de la mâchoire supérieure. Un filet anastomotique unit ce nerf au palatin.

b. Le *mandibulaire* passe entre le muscle temporal et le ptérygoïdien, au-dessous du jugal, au-dessus de l'articulation de la mandibule, le long de la face interne de ce dernier os, et se rend à la symphyse; en chemin, il distribue des ramifications aux téguments, aux muscles, aux dents et à la langue.

6. *Moteurs oculaires externes (Abducentes)*.

Naissent du plancher du cerveau postérieur et abandonnent la surface ventrale de la moelle allongée tout près de la ligne médiane. Chacun d'eux s'unit alors avec le ganglion de Gasser et avec la branche orbito-nasale de la cinquième paire, de telle sorte qu'il ne paraît être qu'une ramification de ce dernier (voy. 5, I, *a* et *b*).

7. Les *nerfs faciaux*.

Naissent du plancher du cerveau postérieur, en arrière de la cinquième paire et au même endroit que la huitième. Ils laissent le cerveau postérieur et entrent alors en relation intime avec le ganglion de Gasser. Chacun d'eux se divise alors en deux branches, une antérieure et une postérieure. La branche antérieure se réunit à la division palatine de la cinquième; la branche postérieure passe entre les branches dorsale et ventrale du suspensorium, entre dans la cavité tympanique, passe sur la *columella auris* et alors, au moment où elle abandonne le tympan, reçoit une très forte branche du glosso-pharyngien. Finalement, elle se divise en deux branches, une antérieure et une postérieure.

a. La première, qui correspond à la corde du tympan des Vertébrés supérieurs, se dirige le long de la face interne de la branche de la mandibule, parallèlement à la branche mandibulaire de la cinquième paire.

b. La seconde longe la corne de l'os hyoïde et dessert ses muscles.

8. Les *nerfs auditifs*.

Naissent en même temps que les précédents. Chacun d'eux se divise en deux branches qui entrent dans la capsule auditive.

Les *nerfs post-auditifs* sont :

9. Les *glosso-pharyngiens*.

Ces nerfs naissent de la moelle allongée en même temps que les suivants; les racines de ces deux paires abandonnent le crâne par une ouverture située de chaque côté en arrière de la capsule auditive et forment un ganglion commun. De là part le tronc du glosso-pharyngien. Il va en bas et en avant à la racine de la langue, il y pénètre et dessert cet organe. En outre, il distribue des filets aux muscles et une grande branche anastomotique à la septième paire.

10. Les *pneumogastriques* ou *vagues*.

Immédiatement à leur sortie du ganglion commun, ces nerfs se séparent des glosso-pharyngiens, et chacun d'eux donne une branche cutanée au tégument dorsal de la tête et du tronc : il se divise alors en deux branches, dont l'une (*a*) court au dedans et au-dessus de la branche cutanée de l'artère pulmo-cutanée, tandis que l'autre (*b*) est située plus bas et s'écarte de la première.

a. Est le nerf *laryngé*. Il passe au-dessous du premier nerf cervical, puis croise en passant au-dessus de lui le troisième arc aortique et, en son milieu, contourne brusquement pour aller se distribuer au larynx.

Ce nerf correspond au nerf *laryngé récurrent* des animaux supérieurs.

b. Est la branche splanchnique ; elle donne des branches (gastriques) à l'œsophage et à l'estomac et un filet nerveux, mince (cardiaque), qui se dirige vers le cœur en passant au-dessous de l'artère pulmonaire et le long de l'origine du poumon. Là, il se termine par des ganglions situés dans la cloison des oreillettes. La branche splanchnique devient finalement plus forte et se distribue aux poumons et à l'estomac.

La moelle épinière ou *myelon* continue en arrière le cerveau postérieur sous la forme d'un cordon subcylindrique, qui se rétrécit d'une façon brusque au point où il paraît même se terminer, au niveau de la septième vertèbre. En réalité cependant, ce n'est pas là qu'il se termine; il se prolonge par un filament étroit, le *filum terminale*, jusqu'au commencement du canal de l'urostyle. Le diamètre de la moelle épinière augmente quelque peu vis-à-vis de l'origine des nerfs qui se rendent aux membres. Sur des coupes transversales, on voit que la moelle n'est pas réellement cylindrique et qu'elle est parcourue par deux sillons longitudinaux, un dorsal et un ventral, qui ne laissent entre ses deux moitiés qu'une sorte de pont comme trait d'union. Au centre de ce pont se trouve creusé un canal, le *canal central*, qui se continue en avant avec la cavité du quatrième ventricule.

Dix paires de nerfs disposées d'une façon symétrique partent des côtés de la moelle épinière. Chaque nerf est pourvu de deux racines, l'une part de la surface dorsale de la moitié latérale de la moelle et l'autre de la surface dorsale de la même moitié. La racine dorsale présente une petite dilatation ganglionnaire, après laquelle elle rejoint la racine ventrale pour former le tronc commun du nerf spinal. Les racines des nerfs spinaux postérieurs sont très longues et y restent pendant quelque temps côte à côte dans le canal spinal.

Le premier nerf spinal sort du canal neural par

l'espace situé entre les arcs de la première et de la seconde vertèbre, de telle sorte qu'il n'y a pas chez la Grenouille de nerf sub-occipital. Il donne une branche aux muscles qui meuvent la tête sur l'atlas, mais son tronc principal descend en arrière de la mandibule, accompagne le nerf glosso-pharyngien et se distribue aux muscles de la langue. Il correspond par conséquent au nerf hypoglosse des vertébrés supérieurs.

Le second nerf spinal et le troisième (le premier étant toujours plus volumineux) s'unissent pour former un plexus, *plexus brachial*, et se distribuent principalement au membre antérieur.

Les quatrième, cinquième et sixième nerfs spinaux vont aux parois du milieu du corps.

Les septième, huitième et neuvième paires sont constituées par de gros nerfs qui s'unissent pour former le *plexus lombo-sacral*, d'où partent des nerfs qui vont aux parois de la partie postérieure du corps et aux membres inférieurs. Les nerfs de ces derniers sont, à la partie antérieure de la cuisse, le *crural* et le *sciatique* qui passe au dos de la cuisse et finalement se divise en nerfs *péronier* et *tibial*, qui desservent la jambe et le pied.

Le dixième nerf spinal abandonne le canal neural par le trou coccygien et se distribue aux parties voisines.

Sympathique.

Le système sympathique est constitué par dix ganglions, unis par des commissures longitudinales et situés à droite et à gauche de la face ventrale de la colonne vertébrale; dans la région de l'aorte dorsale, ils sont en rapports étroits avec elle. Chaque ganglion sympathique est uni par un filament commissural à l'un des nerfs spinaux, et les ganglions les plus antérieurs s'unissent de la même façon avec les ganglions des neuvième et dixième paires. De ce ganglion part un filet délicat qui peut être considéré comme la portion tout à fait antérieure du sympathique, et qui se rend dans la cavité crânienne, du côté interne de la capsule péri-otique, où il s'unit avec le ganglion de Gasser.

Des filets du sympathique accompagnent les vaisseaux, et il distribue des troncs considérables aux viscères de l'abdomen.

Les *organes olfactifs* sont deux larges sacs qui occupent tout l'espace compris entre le cartilage mésethmoïdien, les proéminences ante-orbitaires, les prémaxillaires et les maxillaires, et qui s'ouvrent à la face antérieure et dorsale par les narines externes, à la face postérieure et ventrale par les narines postérieures. La face interne de ces sacs est tapissée d'un épithélium tout particulier, et les nerfs olfactifs, ainsi que quelques ramifications du trijumeau, s'y distribuent.

Le *globe de l'œil* est logé dans l'orbite et protégé par les paupières décrites plus haut. Il possède quatre *muscles droits* qui procèdent de la paroi interne de l'orbite et qui s'insèrent à la circonférence du globe; en dedans de ces muscles, il existe un muscle rétracteur qui s'insère sur l'œil de la même façon et engaine le nerf optique, tandis que deux muscles obliques procèdent de la paroi antérieure et interne de l'orbite et s'attachent aux faces dorsale et ventrale du bulbe oculaire. En outre, un tendon délicat part de l'extrémité extérieure de la paupière inférieure ou membrane militante et s'attache aux fibres du *rétracteur du bulbe* oculaire. Par ce moyen, lorsque le globe de l'œil est rétracté, la membrane militante est amenée à la recouvrir. La paupière supérieure n'a pas de muscles. Un organe sécréteur, nommé la *glande de Harder*, se trouve dans la partie antérieure de l'orbite, au-dessous du muscle oblique supérieur.

La sclérotique est cartilagineuse, mais elle ne présente point de traces d'ossification. Le cristallin est presque sphérique. Il n'y a pas de peigne.

L'*oreille* est constituée par une partie essentielle, le *labyrinthe membraneux*, logé dans la capsule péri-otique, et des parties accessoires, la *columella auris*, la *membrane tympanique* et le *tympan.*

La première est constituée par les trois *canaux semi-circulaires ordinaires* munis de leurs dilatations vestibulaires, lesquelles s'ouvrent dans un vestibule divisé en *utricule* et *saccule;* le dernier en particulier contient une grande quantité de blancs et cristallins otolithes calcaires.

Du côté externe du vestibule se trouve une petite dilatation qui est peut-être un *limaçon* rudimentaire.

Le labyrinthe membraneux est contenu dans la capsule péri-otique, en partie cartilagineuse, en partie osseuse, dans laquelle il se moule, mais sans y adhérer; l'intervalle est rempli d'un fluide, la périlymphe. A la face externe de la capsule péri-otique se trouve une ouverture ovale, la *fenêtre ovale,* à laquelle s'adapte l'extrémité de la columelle. Elle a la forme d'un pilon au manche duquel serait adaptée une pièce transversale. L'extrémité interne arrondie du pilon reliée par du tissu fibreux à la fenêtre ovale est cartilagineuse. Dans sa partie moyenne le manche est entouré d'une gaîne d'os, tandis que sa portion externe est cartilagineuse. La pièce transversale est fixée à la face interne de la membrane du tympan. Cette membrane est tapissée à l'extérieur par la peau, à sa face interne par une muqueuse, laquelle se continue

avec la muqueuse de la bouche par l'intermédiaire
de la trompe d'Eustache. La membrane muqueuse
de la cavité tympanique ne recouvre que la face
ventrale de la columelle, sur la face dorsale de laquelle passe la division postérieure du nerf facial.

La *langue*. Cet organe est, comme on l'a vu,
fixé seulement en avant de la mandibule, et par la
moitié antérieure de sa face ventrale au plancher
de la bouche, la moitié postérieure étant libre et
bifide à son extrémité. Des papilles à sommet étroit
ou large (papilles filiformes et fongiformes) sont
semées sur toute la face dorsale de la langue; les
plus grandes sont en avant. Entre ces papilles
s'ouvrent de petites glandes.

Les papilles fongiformes contiennent les ramifications ultimes du nerf glosso-pharyngien, et l'épithélium qui recouvre leur sommet est modifié
d'une façon spéciale.

Le *tégument*. On n'a pas observé d'organes spéciaux du toucher, mais la peau est remarquable
par le grand nombre de glandes en tube simples,
pressées les unes contre les autres, qui s'ouvrent à
sa surface. Dans le tégument épaissi qui, chez le
mâle, recouvre la base du doigt interne, il se développe de grosses papilles avec des glandes interposées.

Un corps singulier dont la formation est inconnue, ou glande interoculaire, consistant en un sac sphéroïdal tapissé de petites cellules, se trouve dans la peau de la région frontale de la tête.

Des cellules contenant du pigment se rencontrent en quantité dans la peau et subissent des changements de formes remarquables. Tantôt, en effet, le pigment se ramasse en une masse globuleuse, tantôt il se distribue d'une façon rayonnée.

MANIPULATION

A. STRUCTURE GÉNÉRALE.

1. Revenez sur les caractères spécifiques mentionnés plus haut (p. 229).

2. Divisions du corps : *tête*, *tronc*, deux paires de *membres* (voy. p. 229).

a. La tête.

Elle ressemble à un triangle dont le sommet émoussé serait tourné en avant; en s'élargissant, elle s'unit au tronc sans présenter aucune constriction qui serait l'indice du cou; remarquez les yeux proéminents avec leurs paupières; les *membranes tympaniques*, partie du tégument tendue sur un anneau squelettique, situé de chaque côté de la tête en arrière et un peu au-dessous des yeux; les deux orifices des fosses nasales (*narines antérieu-*

res), situées entre les yeux et l'extrémité du museau; l'orifice buccal, à la face supérieure de la tête. On sent les parties dures à travers la peau; la gorge au contraire est molle et flexible.

Passez une soie dans l'une des narines antérieures; faites une petite ouverture dans une des membranes tympaniques et passez-y une autre soie. Maintenant ouvrez toute grande la gueule de l'animal. Si les soies ont été suffisamment enfoncées, vous verrez la première qui a traversé l'orifice nasal postérieur à la partie supérieure de la cavité buccale; tandis que l'extrémité de l'autre apparaît dans la trompe d'Eustache, qui se trouve en arrière et sur les côtés de cette même cavité. Vous verrez la langue charnue avec son extrémité libre bifurquée et tournée en arrière. Retournez cette extrémité en avant, pour voir la façon dont la langue s'insère à sa base sur le plancher de la bouche, à la partie antérieure de la mâchoire inférieure. Notez la fente de la glotte à la partie postérieure du plancher de la bouche et au-dessus d'elle l'orifice de l'œsophage. Faites passer une soie dans le premier de ces deux orifices et une sonde dans le second. Notez les dents fines qui sont implantées sur la mâchoire supérieure et sur le palais.

b. Le tronc.

Il s'effile vers son extrémité postérieure; à la face dorsale on peut sentir les parties dures du squelette à travers la peau molle, ainsi que dans la portion antérieure de la face ventrale. Sur les côtés et dans sa portion ventrale, il est mou et arrondi. L'ouverture cloacale se trouve près de la face dorsale à l'extrémité postérieure du tronc.

c. Les membres.

α. Les membres antérieurs; leurs trois subdivisions : bras, avant-bras et main; les quatre doigts.

β. Les membres postérieurs; comparez leur longueur avec celle des membres antérieurs; leurs subdivisions en cuisse, jambe, pied; les cinq longs doigts, la membrane interdigitale bien développée, la proéminence cornée. (Voy. p. 229.)

3. Soulevez la peau de l'abdomen avec des ciseaux et incisez-la de la mâchoire inférieure jusqu'à l'origine des membres postérieurs, un peu à côté de la ligne médiane. Observez les cavités lymphatiques spacieuses qui se trouvent entre la peau et la paroi musculaire sous-jacente de l'abdomen, ainsi qu'une veine située sur la ligne médiane à la face interne de ces parois et qui d'ordinaire se laisse facilement apercevoir.

4. Soulevez la paroi musculaire de l'abdomen et

incisez-la de même, un peu à côté de la ligne médiane, suffisamment pour ouvrir la cavité abdominale, en évitant avec grand soin de léser la vessie qui se trouve à l'extrémité postérieure de cette cavité. Remarquez la veine très visible (*abdominale antérieure*), qui se trouve au-dessous des muscles, le long de la ligne médiane de l'abdomen. Vous apercevrez le foie, l'estomac et les intestins. Chez la femelle, les ovaires et les oviductes sont très visibles sur les côtés à l'époque de la reproduction. Insérez dans l'ouverture cloacale l'extrémité effilée d'un tube; en y insufflant de l'air, vous distendrez la vessie urinaire volumineuse et bilobée. Si les poumons sont distendus par l'air, vous en apercevrez un de chaque côté à l'extrémité antérieure de la cavité abdominale, et en faisant passer une soie dans l'un d'eux, par la fente de la glotte, vous pourrez la voir au travers. Ouvrez l'estomac pour voir l'extrémité de la sonde passée dans l'œsophage.

En rejetant d'un côté la masse des intestins, vous mettrez à découvert le rein, le corps adipeux et le testicule (chez le mâle). Notez de chaque côté de la colonne vertébrale un grand nombre de petites taches blanches. Ce sont des accumulations de cristaux calcaires.

5. En avant du foie, on voit le sommet du cœur à travers le péricarde. Ouvrez ce dernier et observez la position du cœur.

6. Coupez entièrement les membres antérieur et postérieur de gauche, ainsi que les portions situées à gauche de la colonne vertébrale et du crâne, autant qu'il le faut pour ouvrir la cavité où sont contenus les centres nerveux cerébro-spinaux ; fixez la grenouille dans la cuvette à dissection, sur le côté droit, en la recouvrant d'eau, et étudiez la position des divers organes dans leurs rapports avec un plan longitudinal médian. Faites un diagramme consciencieux des organes mis à découvert.

7. Laissez une grenouille dans une solution décalcifiante (soit acide chromique à 1/100) assez longtemps pour que son squelette soit ramolli, et faites des coupes transversales passant :

1° A travers les yeux.

2° A travers les centres des membranes tympaniques.

3° A travers la ceinture scapulaire.

4° A travers la partie inférieure de l'abdomen.

Comparez ces coupes avec les résultats des dissections précédentes.

B. Dissection des viscères de la cavité ventrale.

1. Tuez une grenouille au moyen du chloroforme et fixez-la, étendue sur le dos, sous l'eau, sur une couche de paraffine ou de cire. Incisez la peau de l'abdomen tout le long de la ligne médiane, depuis le bassin jusqu'au menton. Faites ensuite à chaque extrémité de cette incision une autre incision transversale et étalez alors les quatre lambeaux ainsi formés. Vous pouvez maintenant observer les points suivants.

a. Une grande veine (*musculo-cutanée*), à la surface interne de chaque lambeau, à peu près au niveau de l'épaule.

b. Une partie des muscles de la paroi abdominale, recouverts par une aponévrose délicate, à travers laquelle on peut apercevoir :

α. Le *droit de l'abdomen*, qui va du pubis au sternum, tout près de la ligne médiane, et qui se trouve divisé en plusieurs ventres par des partitions tendineuses.

β. D'autres muscles situés de chaque côté, à l'extérieur du droit de l'abdomen.

c. La *région pectorale;* une portion de ses parties dures, visible sur la ligne médiane où elle n'est recouverte que par du tissu tendineux; en dehors d'elle, des muscles qui se rendent vers l'articulation de l'épaule.

d. Les muscles du cou, petits, et dont la direction générale est de la mâchoire inférieure au sternum et à la ceinture scapulaire.

2. Soulevez la paroi ventrale avec les pinces et divisez-la soigneusement, un peu à droite de la ligne médiane, de façon à ouvrir la cavité générale du corps sans léser son contenu; prolongez cette incision du bassin jusqu'au sternum; faites tout près du bassin une incision perpendiculaire à la première, et étalez à droite et à gauche les lambeaux ainsi obtenus. Sur la face interne du lambeau de gauche vous verrez une grande veine, *veine abdominale antérieure*.

Saisissez avec les pinces l'extrémité du sternum et soulevez-la; en regardant au-dessous, vous trouverez plusieurs tractus fibreux qui vont du sternum aux parties sous-jacentes; coupez-les avec précaution, puis, au moyen d'une forte paire de ciseaux, fendez ce même sternum tout le long de la ligne médiane, en prenant bien soin de ne pas léser les organes situés au-dessous. Ecartez l'une de l'autre les deux moitiés du sternum jusqu'à les tourner vers l'extérieur, et fixez-les dans cette position au moyen d'épingles. Tirez sur chaque bras de façon à le mettre dans l'état d'extension complète, et fixez-le encore avec des épingles.

3. Remarquez la membrane lisse, humide (*membrane pleuro-péritonéale*) qui tapisse la face interne de la cavité du corps ainsi que la face externe des viscères qu'elle renferme.

4. Vous reconnaîtrez facilement le *foie* dans une grande masse brune qui recouvre la plus grande partie des autres viscères abdominaux. Dans une fente qui existe sur son bord antérieur et qui est facilement cachée par lui, se trouve un sac délicat animé de pulsations rythmiques. Ouvrant ce sac et en enlevant avec précaution des lambeaux, on met à découvert le cœur et une partie des gros troncs vasculaires; disséquez avec soin les deux gros vaisseaux (*arcs aortiques*), qui partent en divergeant de la base du cœur, et suivez chacun d'eux jusqu'au point où il se divise en trois vaisseaux.

5. Le cœur.

I. Notez la forme générale de l'organe.

a. Sa portion postérieure conique à parois épaisses (*ventricule*) à sommet dirigé en arrière.

b. Le *bulbe artériel*, partie sub-cylindrique qui

naît du côté droit de la base du ventricule et se divise antérieurement en deux arcs aortiques.

c. L'*atrium*, à parois minces arrondies. Il est situé sur la face dorsale du bulbe et du ventricule. La cloison de séparation entre les oreillettes et les ventricules n'est pas visible à l'extérieur.

d. Soulevez avec précaution le ventricule; au-dessous de lui (c'est-à-dire sur sa face dorsale), vous voyez une autre division du cœur, le *sinus veineux;* il se trouve entre l'atrium et la grande veine cave qui y pénètre à travers les parois dorsale et postérieure du péricarde.

e. Il faut apporter à un examen plus approfondi du cœur de la grenouille beaucoup de soin et se servir d'une loupe d'un faible pouvoir grossissant. Sur une grenouille chloroformée, le cœur, au moment où il cesse de battre, est distendu par le sang. Lorsque tout signe de contractilité a disparu, on doit enlever du corps le cœur distendu en coupant les parties adjacentes de façon à respecter les terminaisons des veines et l'origine des troncs aortiques. L'organe est ensuite transporté dans une cuvette à dissection et recouvert d'alcool faible. Maintenant, en fendant avec précaution à droite et à gauche les parois de l'*atrium*, et en le débarrassant du sang qu'il contient, on rend visible la délicate cloison inter-auriculaire. En enlevant avec soin la face ventrale du ventricule, on découvre sa cavité, ainsi que l'orifice auriculo-ventriculaire. En fendant en long avec des ciseaux fins la paroi ventrale du bulbe artériel, on rend visibles les valvules qu'il renferme. Les veines pulmonaires courent le long de la face dorsale du sinus veineux, entre les veines caves supérieures droite et gauche, et se rendent à l'oreillette gauche où elles s'ouvrent tout près de l'insertion dorsale de la cloison interauriculaire.

Les rapports naturels entre les diverses subdivisions du cœur doivent être étudiées avec soin dans une dissection telle qu'elle se trouve décrite en A, 6.

II. La *pulsation cardiaque*. — On doit l'étudier sur une grenouille rendue insensible par la chloroformisation ou la destruction de la moelle. Cette dernière opération cependant produit une telle dilatation des vaisseaux, qu'après elle, tant que le cœur continue à battre, il ne passe que peu ou point de sang dans cet organe.

a. Observez attentivement les mouvements au cœur ; ils consistent en une série de contractions et de dilatations qui alternent d'une façon régulière.

b. On verra que les deux oreillettes se contractent ensemble; puis, immédiatement après elles, le ventricule, et alors, instantanément, le bulbe artériel.

c. Soulevez le ventricule pour voir le sinus veineux; remarquez qu'il se contracte immédiatement avant les oreillettes.

6. Les parties mises à découvert par les dissections précédentes (B, 1,2.)
Dessinez-les soigneusement sans rien déranger.

a. Les *muscles du cou :* à travers le muscle large et mince situé à la partie antérieure du cou (*mylohyoïdien*), on voit le *nerf hypoglosse.*

b. Le *larynx :* il forme sur la ligne médiane une protubérance de consistance dure qui se trouve juste en avant des arcs aortiques.

c. Le *cœur* et les *arcs aortiques* (voy. B, 5, I), les trois branches terminales de ces derniers, c'est-à-dire :

α. Le *tronc carotidien,* qui en est la division antérieure; il se termine dans un petit corps rougeâtre (la glande carotide).

β. L'arc de l'*aorte* proprement dite.

γ. L'artère *pulmo-cutanée :* la dernière et troisième branche.

d. Le *foie :* grande masse brune bilobée ; le lobe gauche est plus volumineux que l'autre et divisé en deux.

e. Les *poumons*, dont les extrémités postérieures sont visibles sous la forme de poches cloisonnées, un de chaque côté du foie ; mais il arrive souvent qu'on ne les aperçoive pas avant d'avoir écarté ce dernier organe.

f. L'*estomac :* on en voit une petite portion qui s'avance jusqu'au bord gauche inférieur du foie.

g. L'*intestin :* tube enroulé, qui continue l'estomac et est suspendu par une membrane délicate, le mésentère ; en arrière, l'intestin se termine par une portion dilatée (*rectum*), qui se trouve dans le bassin.

h. La *vessie urinaire*, sac bilobé à parois minces (qui peut se trouver distendu ou non). Elle se trouve à la partie antérieure du bassin.

i. Les *corps graisseux*, longues et étroites bandes d'un tissu jaune qui se trouvent à droite et à gauche du foie.

Chez la *Rana temporaria*, la vessie urinaire est beaucoup plus distinctement lobée et aussi beaucoup plus grande, toutes proportions gardées, que chez la *Rana esculenta*.

7. Le foie

a. Etudiez sa forme avec plus de détails.

b. Soulevez-en le bord inférieur; entre ses deux lobes, on aperçoit un petit sac verdâtre, la *vésicule biliaire*.

c. Coupez le foie avec précaution, mais en laissant en place sa partie profonde qui avoisine le sinus veineux.

d. Dissociez un morceau de foie dans une solution à 0,75 pour cent de chlorure de sodium et examinez la préparation avec l'objectif n° 5.

α. Vous y verrez un grand nombre de cellules polygonales, granuleuses (cellules hépatiques), contenant des gouttelettes graisseuses dans leur intérieur.

ε. Traitez-la par l'acide acétique, vous ferez apparaître un noyau et quelquefois deux dans chaque cellule.

8. L'estomac, l'intestin, le pancréas et la rate.

a. Coupez la partie antérieure du bassin avec une paire de ciseaux mousses, en évitant de blesser la vessie urinaire, introduisez par l'anus une sonde dans le rectum en passant par le *cloaque*, déroulez l'intestin et tendez le mésentère autant qu'il est possible sans toutefois couper ce dernier.

α. La *rate :* c'est un petit corps rougeâtre situé sur le mésentère près de son insertion à la paroi dorsale de la cavité abdominale.

β. L'*estomac :* sac allongé situé à gauche de la cavité abdominale ; le tube étroit (*œsophage*) qui débouche dans son extrémité antérieure.

γ. L'*intestin ;* sa longueur et son diamètre variable, spécialement la grande largeur de sa portion rectale ; sa terminaison postérieure dans le cloaque.

δ. Le *pancréas ;* masse compacte de couleur pâle reposant sur le mésentère près de l'origine de l'intestin.

ε. Le *conduit biliaire.* Fendez le duodénum à l'endroit où l'extrémité droite du pancréas s'insère sur lui ; en ce point vous apercevez un petit orifice sur la membrane muqueuse de l'intestin : c'est l'ouverture du *conduit biliaire ;* faites-y pénétrer une soie.

ζ. Le *mésentère :* sa largeur, son mode d'insertion sur l'intestin, les vaisseaux sanguins qui le parcourent.

b. Coupez l'œsophage tout près de l'estomac et le rectum près du cloaque ; enlevez, en coupant le mésentère, toute la portion du tube digestif comprise entre ces deux sections.

α. Introduisez par la bouche une sonde dans l'œsophage.

β. Ouvrez le bout supérieur de l'intestin et détachez un fragment de la muqueuse qui le tapisse intérieurement ; montez-le dans la solution saline normale et examinez la préparation avec l'objectif n° 5 ; sur ce fragment on trouvera de petites protubérances (représentant les villosités des animaux supérieurs), recouvertes d'une couche de cellules étroitement serrées les unes contre les autres.

9. Les reins. Ces organes apparaissent maintenant sous la forme de deux corps allongés, d'un rouge foncé, situés dans la portion postérieure de l'espace périviscéral, tout près de la colonne vertébrale ; débarrassez-les de tous les vestiges de mésentère, etc..... qui pourraient les recouvrir ; notez :

a. Le conduit — *uretère* (chez la femelle) ou conduit *uro-génital* (chez le mâle), qui va du côté externe de la partie postérieure de chaque rein au cloaque. Ouvrez le cloaque et introduisez une soie dans l'orifice de l'un des uretères.

b. Chez le mâle de la *Rana esculenta* chacun de ces conduits est quelque peu dilaté à sa sortie du rein ; il se rétrécit ensuite de nouveau et s'ouvre à la surface postérieure du cloaque par une fente oblique à bords nettement définis. Chez la *Rana temporaria,* ce conduit ne se dilate pas, ou ne se dilate que très peu; mais sur son côté externe se trouve une masse glandulaire (*vésicule séminale*) du côté interne de laquelle partent un grand nombre de petits conduits qui vont s'ouvrir dans le canal uro-génital. L'orifice d'entrée de ce dernier dans le cloaque est rond et muni d'un bord proéminent. Chez la femelle, dans les deux espèces, les uretères sont très étroits.

c. La veine (*veine porte rénale*) qui pénètre dans le rein par son bord postérieur externe.

d. La grande veine (*veine cave inférieure*) qui se trouve entre les reins et est formée principalement par leurs veines efférentes (*veines rénales*).

Maintenant que le cloaque est ouvert, examinez l'orifice par lequel y débouche la vessie urinaire (B, 6, *h.*)

10. Les organes génitaux.

a. Chez le mâle.

α. Les *testicules ;* ce sont deux corps jaunâtres situés sur la face ventrale de l'extrémité antérieure des reins; leur forme.

β. Les conduits excréteurs de chaque testicule

17.

(*canaux déférents*) pénètrent dans le bord interne du rein du même côté pour s'aboucher ensuite avec le conduit uro-génital (9, *a*.)

γ. Enlevez les testicules, ouvrez-en un et exprimez une partie de son contenu sur une lame de verre. Montez la préparation dans une goutte d'eau, et examinez-la avec l'objectif nº 5.

Vous voyez les spermatozoïdes; ce sont des corps pourvus d'une petite tête ovale et d'une longue queue vibratile chez la *Rana esculenta*; chez la *Rana temporaria* la tête ovale manque; leurs mouvements.

b. Chez la femelle.

α. L'*ovaire*; organe de taille très variable suivant la saison. Les œufs qu'il contient en grand nombre.

β. L'*oviducte*; tube enroulé, qui n'est pas continu avec l'ovaire et qui va s'ouvrir en arrière dans le cloaque. La plus grande partie de l'oviducte est opaque et glanduleuse; toutefois, la partie qui avoisine le cloaque est dilatée, pourvue de parois minces et transparentes. Les oviductes s'ouvrent dans la paroi postérieure du cloaque un peu en avant des orifices des uretères.

11. La bouche, l'œsophage et les organes respiratoires.

a. Ouvrez la bouche ; remarquez sur la partie antérieure de sa voûte les deux orifices postérieurs
des cavités nasales (*narines postérieures*); plus en
arrière, les deux vastes orifices des *trompes* d'*Eustache;* la *langue*, reposant sur le plancher de la
bouche : elle est longue et fixée à la mâchoire inférieure par son extrémité antérieure ; son extrémité
libre est bifide et dirigée du côté du gosier.

b. Agrandissez l'orifice de la bouche en coupant
avec des ciseaux les côtés de la cavité buccale;
écartez la mâchoire inférieure jusqu'à ce que vous
aperceviez la chambre (*pharynx*) située en arrière
de la bouche.

c. Sur le plancher du pharynx se trouve une
ouverture étroite (la *glotte*). Introduisez par cet
orifice une sonde que vous pousserez à travers le
larynx et la très courte *trachée* jusque dans les
poumons.

d. Enlevez les poumons : ouvrez-en un ; c'est une
cavité à parois minces dont la surface interne est
cloisonnée.

e. Suivez le trajet de l'œsophage jusqu'au pharynx.

C. La circulation du sang dans la membrane
natatoire de la grenouille.

1. Prenez un morceau de carton mince de 12 centimètres de long sur 6 de large; au milieu de l'une de ses extrémités faites une échancrure en forme de V, à peu près de la grandeur d'une membrane natatoire de grenouille étalée, mettez la grenouille sur le carton, le ventre en bas, et fixez-la en passant autour de l'ensemble ainsi formé deux ou trois tours de fil; liez maintenant les doigts de l'une des pattes de derrière au moyen de ces fils, et, en tirant sur eux très légèrement et avec beaucoup de précautions, tendez la membrane sur l'échancrure du carton. L'animal doit être maintenu dans un état d'humidité constante au moyen d'un morceau de papier buvard mouillé étendu sur son dos.

2. Examinez la membrane avec l'objectif n° 1. Notez :

a. Les *cellules pigmentaires* noires de la peau; elles sont parfois irrégulièrement ramifiées, parfois elles ont une forme plus ramassée.

b. Le *réseau serré de vaisseaux sanguins* qui se trouve au-dessous de la couche de cellules pigmentaires.

c. Les *artères;* qui se dirigent en majorité vers le bord libre de la membrane et qui diminuent constamment de grandeur à mesure qu'elles se ramifient; le sang y va des petites ramifications aux plus grandes.

d. Les *capillaires*, par lesquels les ramifications artérielles se terminent; ce sont de petits vaisseaux qui forment un réseau serré et qui se ramifient ou s'anastomosent fréquemment sans que leur diamètre varie beaucoup.

e. Les *veines*, formées par la réunion des derniers capillaires et qui augmentent leur diamètre en se réunissant l'une avec l'autre. Dans ces vaisseaux, le sang va des troncs les plus petits aux plus volumineux.

f. Le cours du sang; la direction du courant est indiquée par des corps solides (*globules*) charriés par le liquide; c'est dans les artères que le cours du sang est le plus rapide, dans les capillaires qu'il est le plus lent. Dans ces derniers vaisseaux il est en même temps plus régulier.

3. Mettez une petite goutte d'eau sur un fragment de lamelle, retournez cette lamelle, la goutte d'eau en bas, et posez-la doucement sur la membrane; maintenant examinez les particularités suivantes avec l'objectif n.° 2 ou n° 5. Notez :

a. Les *parois des artères, des capillaires et des veines*.

α. Les parois artérielles, assez épaisses, apparaissent de chaque côté du courant sanguin comme des bandes claires, nettement définies.

ε. Les parois des capillaires, plus difficilement perceptibles, apparaissent à l'œil simplement comme des lignes transparentes qui limitent ce courant.

γ. Les parois des veines ressemblent beaucoup à celles des artères.

b. Le *cours du sang dans les petites artères de la membrane.*

α. Il existe un courant rapide au milieu, lequel entraîne la plupart des globules rouges.

ε. Et un courant plus lent sur les bords (*couche inerte*), qui entraîne la plupart des globules blancs.

c. Le *cours du sang dans les capillaires;* il est beaucoup plus lent que dans les artères; observez la distorsion fréquente des globules rouges dans les capillaires par suite de pression... etc.; leur élasticité est indiquée par la facilité avec laquelle ils recouvrent leur forme, quand la cause qui les a contraints à se tordre cesse d'agir; la façon dont les globules blancs rampent le long des parois du capillaire et leur tendance à s'y accrocher.

4. Examinez au microscope une goutte de sang de grenouille (objectif n° 2 ou 5). On obtient assez

de sang pour suffire aux exercices d'une classe tout entière en tuant une grenouille et en lui ouvrant le cœur.

Le sang consiste en corpuscules (*globules*) qui flottent dans un liquide (*plasma*).

a. Les globules rouges.

α. *Leur forme :* vus de face ils paraissent ovales, vus de profil ils ont presque l'apparence d'une ligne, renflée il est vrai en son milieu.

β. *Leur volume :* longueur, largeur, épaisseur; mesurez.

γ. *Leur couleur :* jaune pâle si on examine des globules isolés, rouge si ses globules sont agglomérés en une masse.

δ. *Leur structure :* ils sont en grande partie homogènes, mais ils possèdent un noyau central globuleux.

ε. Traitez-les par l'eau, ils se gonflent et se rapprochent de la forme sphérique; ils abandonnent peu à peu leur matière colorante; le noyau apparaît très nettement, et, finalement, le reste du globule disparaît.

ζ. Traitez-les par l'aide acétique dilué; les résultats obtenus sont les mêmes qu'avec l'eau, mais ils le sont avec plus de rapidité.

b. Les globules blancs.

Moins nombreux que les rouges ; leur couleur, leur diamètre, leur caractère granuleux, leur noyau, leurs changements de forme (mouvements amiboïdes) ; voy. III, B.

D. Examen d'un squelette préparé.

Le squelette d'une grenouille peut se préparer pour l'étude de la façon suivante : on enlève du corps tous les viscères et on dissèque grossièrement les muscles... etc. Alors on met ce qui reste dans l'eau et on le laisse macérer environ une semaine, ensuite on débarrasse soigneusement avec une pince les os et les cartilages de toutes les parties molles.

a. Sa disposition générale.

1. L'axe central est constitué par la colonne *vertébrale* ou *spinale* et par les *parties centrales du crâne*, lequel se trouve en avant de la colonne vertébrale sur la même ligne antéro-postérieure.

2. Les parties latérales, supportées, directement ou indirectement, par l'axe.

a. Les appendices proprement dits (*membres* et *ceintures des membres*) :

α. Le *membre antérieur* : la *ceinture de l'épaule* ou *arc pectoral* qui le supporte, et qui ne s'attache point directement à l'axe vertébral; le *membre proprement dit ;* ses principales divisions : *humérus, radius* et *cubitus* (ces deux derniers ankylosés), le *carpe* et les *doigts*.

β. Le *membre inférieur :* la *ceinture pelvienne* qui le supporte; elle est portée directement par des apophyses osseuses qui procèdent de la colonne vertébrale. Le *membre lui-même,* ses principales divisions, *fémur, tibia, peroné* (ankylosé), le *tarse*, les *doigts*.

b. Les os de la face et les os latéraux du crâne.

b. La colonne vertébrale.

Elle est constituée par une portion antérieure segmentée (dont chaque segment est une *vertèbre*) et par une portion postérieure non segmentée (l'*urostyle*).

1. Examinez avec soin une des vertèbres isolée, par exemple la troisième, et dessinez-la sous ses divers aspects.

a. Elle présente une partie ventrale solide, aplatie (*centrum*), avec une surface antérieure concave et une surface postérieure convexe.

b. L'*arc neural :* c'est un arc osseux qui naît des parties latérales de la face dorsale du centre de la vertèbre et qui n'a pas un diamètre antéro-postérieur tout à fait aussi considérable que celui du centre.

α. Les *apophyses transverses :* proéminence osseuse située de chaque côté, qui naît de l'arc et se dirige en dehors et un peu en bas.

6. Les apophyses articulaires (*zygapophyses*) : au nombre de deux paires, une antérieure et une postérieure, qui naissent sur les côtés de l'arc. Les apophyses articulaires antérieures ont leurs surfaces articulaires lisses qui regardent en haut; les postérieures ont les mêmes surfaces regardant en bas.

γ. Les courtes *apophyses* épineuses qui naissent de la face dorsale de l'arc et sont dirigées en arrière.

c. Le *canal neural*, qui se trouve compris entre l'arc et le corps de la vertèbre.

2. Examinez les autres vertèbres.

a. La première vertèbre (*atlas*); le corps se prolonge en avant sous la forme d'une apophyse cunéiforme qui se trouve entre les condyles occipitaux ; l'arc est ossifié d'une façon incomplète dans la région correspondante à l'apophyse épineuse, laquelle est rudimentaire; les zygapophyses postérieures seules sont présentes; de grandes facettes concaves antérieures, avec lesquelles le crâne s'articule reposent en partie sur l'arc et en partie sur le corps.

b. Les seconde, quatrième, cinquième, sixième et septième vertèbres; elles ressemblent de tous points à la troisième, les principales différences se trouvent dans la grandeur variable des apophyses transverses, qui chez toutes sont plus petites que celles de la troisième vertèbre.

c. La huitième vertèbre; la facette concave qui se trouve à chaque extrémité de son corps.

d. La neuvième vertèbre (*sacrum*); son corps, convexe en avant et avec deux tubercules convexes en arrière; ses apophyses transverses volumineuses et fortes (*côtes sacrées*) dirigées un peu en arrière et aplaties à leurs extrémités.

3. La portion postérieure non segmentée de la colonne vertébrale (urostyle).

a. C'est un corps allongé, en forme de bâtonnet, dont la plus grande épaisseur est vers son extrémité antérieure, laquelle porte deux concavités.

b. Son extrémité postérieure : tubuleuse sur un squelette desséché, mais remplie à l'état frais par un cartilage qui se prolonge encore en arrière.

c. La crête proéminente qui règne tout le long

de sa face dorsale; elle est plus large et plus élevée en avant; elle devient plus mince et disparaît peu à peu en s'approchant de l'extrémité postérieure.

d. Le petit canal contenu dans la partie antérieure de cette crête.

e. Les deux petits conduits qui, de chaque côté, vont de ce canal à l'extérieur.

4. La colonne vertébrale dans son ensemble.

a. Sa *composition*

α. Sa portion antérieure segmentée, formée de neuf vertèbres.

β. Sa portion postérieure non-segmentée, formée par l'urostyle et presque aussi longue que la portion segmentée.

b. Sa *surface ventrale*,

α. L'axe osseux solide formé par les corps vertébraux en avant et continué en arrière par la partie ventrale arrondie de l'urostyle.

β. Les *apophyses transverses;* leur volume et leur direction; dans la seconde vertèbre, elles sont plus étroites et dirigées presque directement en dehors; dans la troisième et dans la quatrième, elles sont plus grandes que partout ailleurs et distinctement inclinées en arrière; dans la cinquième, la sixième, la septième et la huitième vertèbres elles sont plus petites qu'ailleurs et dirigées presque vers l'extérieur; dans la neuvième, elles sont très fortes, dirigées vers l'extérieur, en haut et en arrière, et portent les os iliaques attachés à leurs extrémités distales. Dans la deuxième, la troisième et la quatrième vertèbre, les apophyses transverses naissent des arcs plus près du corps vertébral que dans les autres.

γ. Les *trous intervertébraux;* espaces laissés libres entre chaque paire d'arcs neuraux au niveau des zygapophyses.

c. La *face dorsale de la colonne vertébrale.*

α. La crête formée en son milieu par la rangée des apophyses épineuses, et qui se continue en arrière avec la crête dorsale de l'urostyle.

β. Les proéminences latérales formées par les apophyses articulaires : les articulations entre les apophyses articulaires antérieures d'une vertèbre, et les apophyses postérieures correspondantes de la vertèbre précédente.

γ. Les espaces libres qui se trouvent entre la portion dorsale de chaque arc neural et le suivant; entre l'atlas et la seconde vertèbre, ainsi qu'entre la huitième et la neuvième; ces trous sont le plus souvent oblitérés par le rapprochement qui s'effectue entre les arcs de ces vertèbres.

d. Le *canal neural.*

α. Entouré par les corps vertébraux en dessous, et d'une façon moins complète par les arcs neuraux sur les côtés et en-dessus, il se continue en arrière sous forme d'un canal creusé dans la portion antérieure de la crête de l'urostyle.

β. On y peut pénétrer, par les trous intervertébraux (4, *b*, γ.), par les interstices laissés à la face dorsale entre les arcs neuraux (4, *c*, γ) ainsi que les orifices de l'urostyle (3, *e*).

c. Le crâne. — Le crâne osseux préparé de la grenouille est difficile à comprendre pour deux raisons : d'abord en raison de la dessiccation des cartilages dont à l'état frais il est en partie composé; et ensuite de la tendance qu'ont à s'ankyloser entre eux chez l'adulte plusieurs des os qui le constituent; les points suivants peuvent cependant être observés assez facilement. Il faut dessiner ce crâne sous toutes ses faces.

1. Examen de l'*extrémité postérieure du crâne.*

a. La grande ouverture (*foramen magnum, trou occipital*), située sur la ligne médiane, qui donne entrée dans la cavité crânienne.

b. La surface convexe (*condyle occipital*), située de chaque côté du trou occipital, et qui s'articule avec la facette concave correspondante de la face antérieure de l'atlas.

c. Les os qui, de chaque côté, portent chacun un condyle occipital, et forment à eux deux le trou occipital, sont les *exoccipitaux.*

d. L'os épais qui, de chaque côté, se trouve à l'extérieur et en avant de l'occipital et protège la partie antérieure de l'oreille interne ; c'est le *prootique.*

e. Entre ces deux os, du côté externe de la chambre qui renferme l'organe de l'audition, *capsule périotique,* se trouve un espace cartilagineux percé d'un orifice ovale, la *fenêtre ovale.* L'extrémité intérieure d'un bâtonnet mi-parti cartilagineux, mi-parti osseux, la *columella auris,* s'y trouve fixée.

f. Attaché à l'extrémité antérieure de l'os prootique, se trouve un os en forme de marteau, le *squamosal,* qui s'étend depuis le prootique jusqu'à l'articulation de la mâchoire inférieure.

2. La *voûte du crâne.*

a. En avant des occipitaux se trouvent deux longs os plats, les *pariéto-frontaux,* un de chaque côté de la suture médiane qui correspond aux sutures sagitale et frontale chez l'homme.

b. En avant de ces derniers viennent deux os triangulaires, les *os nasaux*.

c. En avant des os nasaux se trouvent deux autres os qui appartiennent plutôt à la face ventrale qu'à la face dorsale du crâne. Ils forment l'extrémité antérieure du museau et chacun d'eux envoie une apophyse vers les nasaux; ce sont les os *prémaxillaires*.

3. *La base du crâne.*

a. Longeant la plus grande partie du plancher de la cavité crânienne, du trou occipital aux vomers, se trouve un os qui a la forme d'une dague pourvue d'un manche court et d'une garde épaisse. Cette dernière s'étend jusqu'au-dessous des prootiques. C'est l'*os parasphénoïde*.

b. A la base du crâne, à l'extrémité antérieure du parasphénoïde, se trouve l'os en ceinture ou *sphénethmoïde* (qui représente plusieurs os réunis); cet os limite en avant la cavité crânienne à sa base et sur les côtés. Il en forme également la voûte, mais là il est recouvert par les extrémités antérieures des pariéto-frontaux. Le sphénethmoïde est creusé en arrière d'une cavité unique, qui contribue à la formation de la cavité encéphalique, et en avant de deux cavités, une pour chaque fosse nasale, séparées par une cloison.

c. L'*os palatin* étroit se trouve de chaque côté, transversalement et à l'extérieur de l'os en ceinture ainsi que de l'extrémité antérieure de l'aile du parasphénoïde.

d. En avant de l'extrémité de l'aile du parasphénoïde et des os palatins se trouvent deux os larges, de forme irrégulière, portant chacun à leur partie postérieure une rangée de dents; ce sont les *vomers.*

e. La limite antérieure moyenne du contour du crâne, vu de ce côté, est fermée par les portions dentifères des pré-maxillaires; et, en arrière d'eux, par les os *maxillaire* et *quadrato-jugal* (4, *a*, *b*). Se dirigeant en arrière à partir de l'extrémité extérieure du palatin, et appliqué contre le maxillaire, nous trouvons un os, qui se sépare bientôt du maxillaire, et qui, devenant large et épais, se bifurque; de ces deux branches, l'interne s'articule étroitement avec le parasphénoïde et se trouve articulée d'une façon mobile avec le crâne; la branche externe longe la face interne d'un cartilage (le *suspensorium*) à la face externe duquel se trouve le squamosal : c'est l'*os pterygoïde.*

Au bord externe de chaque vomer, immédiatement au devant du palatin, est un orifice qui donne entrée dans la cavité nasale. Ces deux orifices sont les *narines postérieures.*

4. *Le crâne vu de côté.*

a. Un os long part de cette partie du pré-maxillaire qui limite l'orifice buccal et se dirige en arrière en formant presque tout le reste du bord supérieur de cette cavité; c'est le *maxillaire*.

b. Un petit os s'articule en avant avec l'extrémité postérieure du maxillaire et en arrière avec la portion distale du squamosal. C'est le *quadrato-jugal*.

c. La mâchoire inférieure ou *mandibule* consiste en deux portions distinctes qui se réunissent en avant sur la ligne médiane, et qui, en arrière, s'articulent avec les extrémités des cartilages suspensoriaux.

A l'extrémité articulaire de chaque cartilage suspensorial se trouve une ossification qui représente l'os carré des autres vertébrés, et qui, par sa réunion au jugal, forme le quadrato-jugal.

Dans chaque *branche* on peut observer trois pièces :

α. Un axe ventral formé par un cartilage (*cartilage de Meckel*) qui s'élargit à son extrémité postérieure pour s'articuler avec le cartilage suspensorial, tandis qu'à son extrémité opposée ou symphyse il s'ossifie pour former l'os *mento=Meckélien.*

β. Une pièce postérieure et inférieure qui va en avant presque jusque sur la ligne médiane (*angulo-splenial*) et engaîne en partie le précédent.

γ. Une petite pièce antérieure et supérieure (*os dentaire*).

d. L'os ou cartilage hyoïde.

α. Large, presque tétragonal au centre (*corps de l'os hyoïde*), il porte plusieurs apophyses, savoir :

β. Les *cornes antérieures* qui partent en avant de chaque côté du corps de l'os; chacune d'elles consiste en un long cartilage courbe qui se dirige d'abord en avant, puis en arrière et vers l'extérieur, et finalement en avant et en haut pour s'attacher à la capsule périotique au-dessous de la fenêtre ovale.

γ. Les *cornes postérieures* ou *thyro-hyoïdes;* osseuses, plus courtes, et plus épaisses que les cornes antérieures : elles s'insèrent sur le bord postérieur du corps de l'os près de la ligne médiane et divergent en arrière.

δ. Les deux paires de petites apophyses formées par l'élongation des angles antérieur et postérieur du corps de l'hyoïde.

e. Le sternum et la ceinture scapulaire.

1. *Leur disposition générale :* ils forment une ceinture incomplète à la partie antérieure du tronc;

cette ceinture est en partie composée d'os, en partie de cartilage. Notez la cavité (*cavité glénoïde*) avec laquelle s'articule le membre antérieur.

a. Le *sternum :* il est situé sur la ligne médiane ventrale et composé de plusieurs parties, qui sont en allant d'arrière en avant.

α. Le *xiphisternum*, cartilage mince, large en arrière, étroit en avant, où il se continue par :

β. Un cartilage médian engaîné par de l'os, le *sternum proprement dit*. L'extrémité antérieure du sternum s'unit avec les angles postérieurs et internes des coracoïdes, dont les bords internes, qui se rejoignent sur la ligne médiane, séparent le sternum de

γ. L'*omosternum,* constitué par un os étroit aplati, terminé en avant par un cartilage aplati. L'extrémité postérieure s'articule avec les pré-coracoïdes et les clavicules.

b. La *ceinture scapulaire*, en commençant par la face dorsale; elle présente de chaque côté :

α. Une portion dorsale, étalée, mince, en partie cartilagineuse, en partie osseuse, le *supra-scapulaire*.

β. Tout près, un segment osseux, le *scapulum*, dont le bord postérieur et inférieur est excavé par la *cavité glénoïde*.

Des parties ventrales de la ceinture scapulaire qui se trouvent entre les deux scapulums se réunissent sur la ligne médiane. De chaque côté, cette partie est divisée par un large trou en une portion antérieure et une portion postérieure.

γ. La pièce osseuse qui va en arrière du trou, depuis le scapulum presque jusqu'à la ligne médiane, est le *coracoïde*. Le coracoïde, en s'unissant avec le scapulum, contribue à la formation de la cavité glénoïde.

δ. Les bords adjacents des deux coracoïdes sont eux-mêmes bordés de cartilages (*épicoracoïdes*), lesquels se continuent en avant du trou avec une barre de cartilage (*précoracoïde*). A l'extérieur le dernier se continue avec le cartilage situé entre le scapulum et le coracoïde et qui contribue lui-même à former la cavité glénoïde.

ε. Etroitement attaché à la portion antérieure du pré-coracoïde se trouve un os, la *clavicule*, dont l'extrémité externe s'articule avec le coracoïde et le scapulum et l'extrémité interne avec l'omosternum.

Dessinez soigneusement l'arc pectoral tout entier, en ombrant d'une façon différente l'os et le cartilage.

f. Les os du membre antérieur.

a. L'os du bras (*humérus*).

18.

α. C'est un os presque cylindrique avec une tête articulaire à chaque extrémité et un corps qui les unit.

β. Une grande crête (*crête deltoïdienne*), à laquelle s'insère un muscle, parcourt sa surface antéro-interne.

Cette crête est plus développée chez les mâles que chez les femelles.

b. L'os de l'avant-bras.

α. En avant, il présente une échancrure qui reçoit l'extrémité interne de l'humérus.

β. Plus bas il montre une tendance à se séparer en les deux os dont il est formé, savoir le *radius* et le *cubitus*. Quand le membre est tendu à angle droit avec le corps, et le pouce en avant, le radius est en avant et le cubitus en arrière de l'axe du membre.

c. Le *carpe*. Deux os (*a*,*b*) s'articulent avec le radius ankylosé et le cubitus. Un troisième os (*c*) du côté radial s'articule seulement avec les os du carpe qui sont à ses côtés proximal et distal. Un grand os (*d*) occupe les deux tiers du côté ulnaire du carpe et s'articule avec *a*, *b* et *c* d'un côté et avec le 3e, 4e et 5e métacarpiens de l'autre. Deux petits osselets s'articulent avec la face distale de *c* et portent le premier et le second métacarpiens.

d. Les *doigts*.

Au nombre de cinq. Le premier (le seul radial) est toutefois rudimentaire. En commençant par le côté cubital, nous trouvons :

α. Le 5ᵉ doigt (situé du côté externe ou cubital du membre); il présente un os proximal cylindrique (*métacarpien*) suivi de trois autres (*phalanges*) dont chacun est plus court que celui qui le précède.

β. Le quatrième doigt : un os métacarpien et trois phalanges.

γ. Le troisième doigt : un os métacarpien et deux phalanges.

δ. Le second doigt : un os métacarpien et deux phalanges.

ε. Le premier doigt (*pouce*) ne consiste qu'en un petit os métacarpien.

g. La ceinture pelvienne.

a. Sa forme générale : elle ressemble à un V dont le sommet serait tourné en arrière.

b. La *cavité cotyloïde* (*acetabulum*) qui se trouve de chaque côté et à laquelle s'articule l'os de la cuisse.

c. La fente triradiée qui passe à travers l'acétabulum et qui divise chaque moitié du bassin en trois pièces, savoir :

α. Une pièce antérieure allongée (*ilium*), subcylindrique en avant, où elle s'articule avec le sacrum ; elle porte en arrière, sur sa face dorsale, une crête osseuse comprimée latéralement (*crista ilii*) ; elle forme presque la moitié de l'acetabulum.

β. Une pièce postérieure, irrégulièrement arrondie (*ischium*), étroitement unie en arrière sur la ligne médiane avec une pièce analogue.

γ. Une petite pièce triangulaire (*os pubis*) (sauf chez les vieilles grenouilles, ce n'est que du cartilage calcifié) ; elle est enfoncée comme un coin entre l'ilium et l'ischium et s'unit avec son congénère sur la ligne médiane pour former la symphyse du pubis.

h. Les os du membre inférieur.

a. L'*os de la cuisse* (*fémur*) ; son corps allongé, cylindrique et ses têtes articulaires.

b. L'*os de la jambe* (*os cruris*).

α. C'est un os très allongé, cylindrique, renflé à chaque extrémité.

β. Les sillons qu'il porte ; l'un d'eux longe toute sa surface ventrale, mais est plus marqué à l'extrémité ; d'autres sillonnent sa surface dorsale ; l'un à l'extrémité supérieure, l'autre à l'extrémité inférieure ; ils indiquent que l'os de la jambe se compose en réalité de deux os réunis, le *péroné* et le *tibia*. Quand le membre est étendu à angle droit avec le corps le tibia est en avant et correspond au radius; et le péroné, en arrière, correspond au cubitus.

c. Le *tarse.*

α. Ce sont deux os allongés (séparés sur la ligne médiane, mais réunis par la confluence de leurs extrémités cartilagineuses) qui s'articulent avec le tibia et le péroné ankylosés; de ces os, l'antérieur ou tibial est l'*astragale,* le postérieur ou péronéal, le *calcanéum.*

β. Deux cartilages partiellement ossifiés s'articulent avec les extrémités distales de ces deux os; l'un du côté du calcanéum, l'autre du côté de l'astragale. Ce dernier est uni par des fibres ligamentaires, contenant un nodule de cartilage avec le premier et le second métatarsiens, et supporte l'*éperon* (*d.* ζ).

d. Les *doigts.* Ils sont au nombre de cinq; l'interne est le plus court, le quatrième le plus long. Ils se composent :

α. Le premier ou *pouce* (le plus interne), d'un *os métatarsien* suivi de deux *phalanges.*

β. Le second a la même composition que α, mais est plus long.

γ. Le troisième, d'un os métatarsien avec trois phalanges.

δ. Le quatrième, d'un os métatarsien avec quatre phalanges.

ε. Le cinquième est semblable au troisième, mais plus court.

ζ. Sur le bord antérieur ou tibial du pied, il se trouve deux petits osselets, plus ou moins cartilagineux, articulés avec le tarse (*c.* β), de telle façon qu'ils donnent l'apparence d'un os surnuméraire. Cet *éperon* supporte la proéminence cornée dont il a été parlé plus haut.

E. DISSECTION DU MEMBRE POSTÉRIEUR DE LA GRENOUILLE, POUR L'ÉTUDE DE LA MYOLOGIE.

(Pour la dissection suivante, il est à désirer qu'on ait une grenouille qui ait séjourné quelque temps dans l'alcool.)

1. Placez l'animal sur le dos et incisez la peau de la face antérieure du membre depuis la symphyse du pubis jusqu'à la cheville; rejetez ensuite la peau de chaque côté pour mettre à découvert les parties sous-jacentes; en la retournant, remarquez les faisceaux et les fibres (*tissu aréolaire sous-cutané*) qui unissent la peau aux parties sous-jacentes et que vous aurez à couper, avez les larges *espaces lymphatiques* qu'ils limitent.

Un grand nombre de muscles sont maintenant mis à découvert à la partie antérieure de la cuisse et de la jambe.

**2. Les muscles superficiels de la partie anté-
rieure de la cuisse**.

Séparez-les l'un de l'autre avec précaution en
disséquant le *tissu conjonctif* qui les unit.

a. Chacun d'eux est principalement composé
d'une masse charnue, le ventre du muscle, qui
sur un muscle macéré dans l'alcool est presque
blanche et se divise facilemeut en faisceaux ; mais
qui, sur un muscle frais, est plus molle, plus rouge
et ne se dissocie point aussi facilement.

b. Il arrive souvent qu'à ses deux extrémités le
ventre du muscle fait place à un tissu dense, nacré,
qui forme un *tendon*.

c.Les tendons sont fixés directement ou indirectement sur certains os environnants, l'insertion la
moins mobile est appelée l'*origine du muscle* et
le point où le muscle s'attache à l'os le plus mobile
est plus particulièrement désigné sous le mom
d'*insertion*.

d. Les noms des muscles mis à découvert à la
face antérieure de la cuisse, sont :

α. Le *couturier :* muscle mince, plat, rubané, qui
s'étend tout le long de la ligne médiane de la
cuisse. Il naît de la symphyse du pubis et s'insère
à une expansion tendineuse (*aponévrose*) au côté
interne de l'articulation du genou.

β. Le *grand adducteur* : il devient superficiel aux environs des deux tiers supérieurs du bord interne du couturier.

γ. Le *court adducteur* : on en voit une faible partie au côté interne du grand adducteur, tout près de la symphyse du pubis.

δ. Le *grand droit interne*, grand muscle qui longe dans toute son étendue le côté interne de la cuisse; il naît de la symphyse du pubis au-dessous du couturier et s'insère sur la même aponévrose que ce muscle.

ε. Le *petit droit interne*, muscle mince qui se trouve en dedans et plutôt en arrière du grand droit interne. Il naît du bassin tout près de l'anus et s'insère sur l'aponévrose aux environs de l'articulation du genou.

ζ. Le *long adducteur* : il est en partie superficiel le long du bord externe du couturier.

η. Le *vaste interne* : muscle très volumineux qui se trouve à la face antérieure et externe de la cuisse; il naît du bassin tout près de l'articulation de la hanche, et s'unit en bas à deux muscles situés à la partie postérieure de la cuisse (4. *a*. β. γ); et le tout se termine par un tendon, lequel s'insère sur l'aponévrose qui recouvre en avant l'os de la jambe.

e. Coupez en travers le ventre du couturier et écartez les lambeaux; disséquez alors l'origine et l'insertion du *long adducteur* et du *grand adducteur* (*d,* ζ et β).

α. Le *long adducteur* naît de la partie antérieure et inférieure de la symphyse des os iliaques ; par son extrémité inférieure il rejoint le grand adducteur.

β. Le *grand adducteur* naît du bassin entre l'origine du couturier et celle du grand droit interne. Les fibres s'insèrent directement, c'est-à-dire sans l'intervention d'un tendon spécial, à la face interne de la moitié distale du fémur.

3. Les muscles profonds de la partie antérieure de la cuisse.

a. En coupant par le milieu les muscles long adducteur, grand et petit droits internes, et en écartant leurs lambeaux, vous mettiez à découvert les muscles suivants :

α. Le *pectiné :* il se trouve à la partie supérieure de la cuisse, immédiatement en dedans du vaste interne : il naît de la partie antérieure du bassin, tout près de la symphyse, et s'insère à la surface antérieure de la moitié distale du fémur.

6. Le *court adducteur* (2. *d.* γ.) longe le pectiné à sa face interne ; il naît et s'insère tout près de lui.

Le *demi-tendineux;* c'est un long muscle mince situé au-dessous du grand droit interne, et qui est bifurqué à son extrémité supérieure : les deux chefs ainsi formés naissent, l'un (*chef antérieur*) du bassin entre la symphyse ischiatique et l'acétabulum ; l'autre (*chef postérieur*) de la symphyse ischiatique : le muscle se termine en bas par un tendon arrondi qui longe le tendon du couturier et s'insère à côté de lui.

4. Retournez maintenant la grenouille, placez-la sur le ventre et enlevez la peau de la partie postérieure du membre.

Les muscles de la face postérieure de la cuisse. Ce sont :

a. Le *triceps femoris :* c'est un muscle volumineux, situé du côté externe, divisé dans sa partie supérieure en trois chefs que l'on considère souvent comme des muscles séparés ; ce sont :

α. Le *vaste interne* ou chef antérieur; il a déjà été examiné avec la partie antérieure de la cuisse (2. *d.* η).

β. Le *vaste externe* ou chef postérieur; il naît du bord postérieur de l'os iliaque.

γ. Le *droit antérieur de la cuisse* ou chef moyen du triceps; il naît de la partie postérieure du bord ventral de l'os iliaque. Pour l'insertion du triceps femoris, voy. 2. *d.* η.

b. Le *fessier :* ce muscle naît des deux tiers postérieurs de la surface externe de l'os iliaque ; il va vers le bas entre le vaste externe et le droit antérieur s'insérer à la partie postérieure de la tête du fémur.

c. Le *pyriforme.* Il naît de la partie postérieure de l'urostyle et passe en dedans du vaste externe pour aller s'insérer sur le corps du fémur.

d. Le *biceps femoris :* long muscle mince qui longe le côté interne du vaste externe ; il naît de l'os iliaque au-dessus de l'acétabulum ; à sa partie inférieure il se divise en deux chefs dont l'un s'insère sur le corps du fémur, en son milieu, et dont l'autre se termine par un tendon arrondi qui s'insère à la face dorsale de l'extrémité distale du même os.

e. Le *demi-membraneux :* grand muscle situé en dedans du biceps ; il naît de la partie postérieure et supérieure de la symphyse iliaque et s'insère à l'aponévrose qui entoure l'articulation du genou.

Au plus profond de l'épaisseur de la cuisse, entre les muscles biceps et demi-membraneux, vous apercevrez les *vaisseaux fémoraux* et le *nerf sciatique.*

f. Coupez le vaste externe et le biceps et écartez leurs lambeaux ; au-dessous d'eux vous pourrez voir :

Le muscle *psoas-iliaque :* il naît de la surface interne de la partie postérieure de l'os iliaque, et s'insère à la face postérieure du corps du fémur.

g. Enlevez le pyriforme, coupez le demi-membraneux tout près de son origine et rejetez-le en bas ; vous mettrez à découvert un petit muscle triangulaire, le *carré de la cuisse*, qui naît de l'ilium, en arrière de l'acétabulum et s'insère sur le milieu du corps du fémur, à sa face ventrale.

h. L'*obturateur;* c'est un petit muscle qui se trouve sur la surface dorsale de l'articulation de la hanche.

5. Les muscles de la jambe.

a. Mettez la grenouille sur son dos et enlevez la peau du pied. Fixez-la de façon à mettre la face dorsale du pied en dessus. Vous devez maintenant voir l'os de la jambe occuper la ligne médiane du membre. Le long de son bord (interne maintenant, mais en réalité dorsal) se trouvent deux muscles, savoir :

α. Le *gastro-cnémien*, muscle pourvu d'un gros ventre charnu; il naît à la partie supérieure par deux tendons, dont l'un, le plus volumineux, s'insère en arrière de l'articulation du genou en partie sur le fémur, en partie sur l'os de la jambe; l'autre se réunit à l'aponévrose du côté externe de l'articulation du genou. En bas, ce muscle se termine par un tendon très considérable, le *tendon d'Achille*, qui se confond à la fin avec l'aponévrose de la surface plantaire du pied.

β. Le *tibial postérieur* : muscle mince, recouvert en grande partie par le gastrocnémien; il naît d'une grande partie de la face postérieure de l'os de la jambe et longe le côté interne de l'articulation du talon pour s'insérer sur l'astragale.

b. De l'autre côté de l'os se trouvent quatre muscles, savoir :

α. Le *péronier*, le plus volumineux et le plus externe des quatre; il naît du côté externe de l'extrémité articulaire du fémur, et dépasse le côté externe de l'articulation du talon pour s'insérer sur le calcanéum.

β. Le *tibial antérieur* : c'est un petit muscle situé en dedans et au-dessous du péronier; il naît de l'extrémité inférieure et antérieure du fémur et de la capsule de l'articulation du genou ; à sa partie inférieure il se divise en deux chefs, dont l'un s'insère à la face dorsale de l'astragale, l'autre sur le calcanéum.

γ. Le *court extenseur de la jambe*; il se trouve en dedans de la partie supérieure du dernier muscle ; il naît de la face antérieure de l'extrémité articulaire distale du fémur et s'insère sur l'os de la jambe dans son tiers moyen.

δ. Le *fléchisseur antérieur du tarse* : il naît à l'endroit où le dernier muscle cité se termine et s'insère sur la face dorsale de l'astragale.

6. Les nerfs du membre postérieur.

Il faut maintenant disséquer ces nerfs dans la jambe qui n'a pas servi à la dissection des muscles.

a. Le *nerf sciatique*.

α. On le trouve à la face dorsale de la cuisse en séparant l'un de l'autre les muscles biceps et demi-membraneux ; il apparaît sous la forme d'un mince cordon blanc.

6. Disséquez-le soigneusement dans la partie médiane de la cuisse, en notant les branches qu'il distribue aux divers muscles.

γ. En arrivant au pied, il contourne la face dorsale de l'articulation du talon et entre dans la surface plantaire où il se termine par un grand nombre de branches.

b. Le *nerf péronier*.

α. Il longe la jambe de haut en bas en accompagnant le muscle péronier et distribue des ramifications chemin faisant.

β. En arrivant à l'extrémité de la jambe, il passe en avant de l'articulation du talon et émet des ramifications qui se distribuent à la face dorsale du pied.

F. Dissection du système vasculaire.

La dissection des vaisseaux sanguins est facilitée de beaucoup par une injection préalable ; elle s'opère de la façon suivante : faites dissoudre à chaud un peu de gélatine dans un liquide coloré (solution de carmin ou de bleu de Prusse) ; la gélatine doit être en quantité suffisante pour que le liquide se fige à peine refroidi ; tuez une grenouille par le chloroforme, mettez son cœur à nu en évitant de blesser la veine abdominale antérieure, pratiquez un petit trou dans le sinus veineux et essuyez tout le sang qui pourrait couler par là ; passez une ligature autour du bulbe artériel, faites une petite ouverture au ventricule et faites pénétrer dans le bulbe artériel, par le ventricule, un tube effilé en pointe. Emplissez ce tube avec la solution saline normale et unissez-le par un bout de tube en caoutchouc à une seringue remplie de la matière à injection qui ne doit pas être à une température de plus de 35° C. ; injectez très doucement et sous une pression très faible. On peut aussi injecter facilement le système veineux en coupant la veine abdominale antérieure et en introduisant la seringue dans le bout périphérique. Une fois l'injection terminée, faites séjourner l'animal pendant quelques heures dans l'alcool.

1. La veine abdominale antérieure.

a. Disséquez avec soin la veine abdominale antérieure dans les parois de l'abdomen ; vous verrez qu'à son extrémité postérieure ce vaisseau émet pour la partie antérieure de chaque cuisse une petite branche et qu'il se divise ensuite en deux gros troncs (*veines pelviennes*) qui vont de chaque côté à la partie postérieure de la cuisse.

b. Retournez l'animal et suivez le trajet d'un de ces troncs veineux ; vous verrez qu'il se continue avec la *veine sciatique,* qui se termine dans le bassin en donnant naissance à ce tronc veineux et à un autre (*veine porte rénale*).

c. Suivez en avant le trajet de la veine abdominale antérieure; elle se divise en deux branches, dont l'une se rend au lobe droit et l'autre au lobe gauche du foie.

2. Soulevez le foie, et remarquez la *veine porte* qni y pénètre par sa face inférieure ; cette veine est formée par la réunion de la *veine gastrique*, venant de l'estomac, avec la *veine liéno-intestinale* venant de la rate et des intestins. La division gastrique de la veine porte communique par une large branche avec la division de gauche de la veine abdominale antérieure.

3. Les veines de la tête, du cou et des membres antérieurs.

a. Enlevez le foie, en évitant de léser la veine cave inférieure qui se trouve au-dessous de lui.

b. Enfoncez un morceau de tube en verre dans l'œsophage de la grenouille, afin de tendre les parties avoisinantes, et disséquez les arcs aortiques : en avant de chaque arc aortique, près du point où il se divise, on trouve :

c. La *veine jugulaire externe*, qui longe latéralement le cou jusqu'à l'angle de la mâchoire inférieure et reçoit les veines des régions mandibulaires et linguales.

d. Suivez le trajet de cette veine en bas jusqu'au cœur ; un peu au-dessous de l'arc aortique, elle se réunit à une autre grande veine.

e. La *sous-clavière*, qui la continue vers l'extérieur ; on voit qu'elle est principalement formée par la réunion de deux branches considérables : l'une (*veine axillaire* ou *brachiale*) vient de l'avant-bras et de la main ; l'autre (*veine musculo-cutanée*) vient du dos et de la tête.

f. La *veine innominée* est formée par la réunion de la *veine jugulaire interne* qui ramène le sang du cerveau et de la moelle épinière, avec la *veine sous-scapulaire* qui ramène le sang du bras et de l'épaule.

g. La *veine cave supérieure* (il y en a une à droite et une à gauche) ; elle est formée par la réunion des veines sous-clavière, jugulaire externe et inno-

19.

minée de chaque côté; suivez-la jusqu'au cœur où elle se termine en entrant dans le sinus veineux.

4. La veine cave inférieure et les veines portes rénales.

a. Coupez le tube digestif au-dessus de l'estomac, coupez-le également tout près du cloaque, et enlevez la portion intermédiaire : disséquez les veines qui sont en rapport avec les reins.

b. La *veine porte rénale :* elle vient de la bifurcation de la veine pelvienne et pénètre dans le bord inférieur externe du rein.

c. La *veine cave inférieure :* c'est une grande veine située entre les reins et formée principalement par des troncs vasculaires sortant de ces organes, mais qui reçoit aussi des branches provenant des organes de la génération et du foie.

d. Suivez-la jusqu'à sa terminaison dans le sinus veineux.

5. Les arcs aortiques et leurs ramifications.

a. Disséquez les ramifications des arcs aortiques; elle sont au nombre de trois de chaque côté :

α. La division antérieure (*tronc carotidien*); elle émet d'abord une ramification (*artère linguale*) qui longe le cou, et se termine ensuite dans un petit corps rouge (*la glande carotide*) dont sortent d'autres artères.

β. *L'arc de la crosse de l'aorte :* c'est la division moyenne et la plus considérable en même temps ; il fait le tour du cou en se dirigeant vers la colonne vertébrale et donne en chemin naissance à *l'artère sous-clavière* qui va au membre antérieur.

γ. *L'artère pulmo-cutanée*, ou division postérieure de l'arc aortique ; elle va à la racine du poumon et donne chemin faisant naissance à une branche cutanée qui se distribue à la peau au voisinage de l'épaule.

b. Inclusez dans la paraffine un arc aortique préalablement durci par l'alcool et faites-en des coupes minces, transversales : examinez-les avec l'objectif n° 1, et notez les deux cloisons qui le subdivisent en trois canaux.

6. L'aorte dorsale et ses ramifications.

a. Enlevez les reins ainsi que la veine cave inférieure et les organes génitaux : on voit alors *l'aorte dorsale* mise à nu qui repose sur les corps des vertèbres.

b. Suivez les deux *crosses de l'aorte* proprement dites dans leur trajet autour du cou ; vous verrez qu'elles s'unissent au dessous de la colonne vertébrale pour former l'aorte dorsale.

c. Poursuivez le trajet de l'aorte dorsale ; elle fournit chemin faisant diverses ramifications : il en est une très considérable (*artère cœliaco-mésentérique*) qui naît tout juste au-dessous du point où elle-même prend naissance.

d. De petites ramifications de l'aorte dorsale se distribuent aux reins et aux organes génitaux (on ne peut apercevoir maintenant que leurs extrémités coupées), ainsi qu'aux muscles du dos.

e. Elle se termine aux environs du bassin en se divisant en deux troncs, les *artères iliaques,* qui passent au-dessous des os iliaques et distribuent des branches dites *hypogastriques* à la vessie et aux parois de l'abdomen.

f. Retournez maintenant l'animal, placez-le sur le ventre et poursuivez le trajet de l'artère iliaque ; la plus importante des artères qui lui fait suite se trouve dans la cuisse, c'est l'*artère fémorale.*

7. Les veines pulmonaires.

a. Suivez leur trajet depuis l'oreillette gauche jusqu'aux poumons. Examinez avec soin l'oreillette gauche et cherchez l'orifice par où la veine pulmonaire commune y débouche.

G. Le système nerveux de la grenouille.

1. *Méthode pour découvrir le cerveau et la*

moelle épinière. — Prenez une grenouille qui ait séjourné un jour ou deux dans l'alcool; fendez la peau tout le long de la ligne médiane du corps, depuis le museau jusqu'à l'anus et repliez-la de chaque côté en notant les petits nerfs qui y pénètrent de chaque côté de la ligne médiane; enlevez les muscles qui recouvrent les lames vertébrales, ouvrez le canal neural en fendant la membrane qui relie l'un à l'autre l'atlas et l'occipital. Introduisez alors la lame d'une petite mais forte paire de ciseaux dans la cavité crânienne, et coupez pièce à pièce les os qui forment la voûte du crâne, en prenant grand soin de ne pas léser le cerveau avec la pointe des ciseaux. Enlevez ensuite de la même façon la partie supérieure des arcs vertébraux. Une membrane pigmentée, délicate, la *pie-mère*, qui recouvre le cerveau, se trouve maintenant à découvert. Autour de la moelle épinière, elle est d'ordinaire recouverte par une matière molle assez abondante. Enlevez cette matière avec précaution au moyen d'une pince, ou d'un courant d'eau provenant du jet d'une seringue.

2. Le cerveau.

Sur la face dorsale du cerveau, qui maintenant est mis à découvert, on peut voir les parties suivantes :

a. En avant, deux masses allongées formant environ la moitié antérieure du cerveau; une légère dépression transversale divise chacune d'elles en une portion antérieure plus petite et une portion postérieure plus considérable. Les faces internes des portions antérieures sont étroitement unies ensemble. Les faces analogues des portions postérieures sont séparées par une fente. Les portions postérieures sont les *hémisphères cérébraux (prosencéphale)*; les portions antérieures, les bases des *lobes olfactifs (rhinencéphale)*.

a. Les lobes olfactifs se rétrécissent pour devenir deux troncs arrondis, communément appelés *nerfs olfactifs* qui, après avoir abandonné le crâne, s'appliquent à la face externe de la membrane qui tapisse la chambre nasale et émettent un grand nombre de filets nerveux qui se distribuent à cette membrane.

b. Le *thalamencéphale;* il se trouve entre les extrémités postérieures des hémisphères cérébraux; on y doit remarquer :

α. La *glande pinéale*, très petite masse située en avant et qui n'est point formée par du tissu nerveux.

β. Les *couches optiques*, masses nerveuses que l'on aperçoit au-dessous de la glande pinéale :

entre elles se trouve une cavité étroite, le *troi-sième ventricule*.

c. Les *lobes optiques* (*mésencéphale*); c'est une paire d'éminences arrondies qui se trouvent en arrière du thalamencéphale.

d. Le *cervelet* (*métencéphale*), bande étroite, transversale, qui se trouve en arrière des lobes optiques.

e. La *moelle allongée* (*myélencéphale*), portion de l'encéphale qui se trouve en arrière du cervelet.

α. Sur la moelle allongée se trouve une dépression triangulaire (*quatrième ventricule*), dont le sommet est tourné en arrière.

3. La moelle épinière.

a. Sa forme, large en avant, elle se rétrécit bientôt vers la 5ᵉ ou 6ᵉ vertèbre et continue ensuite à parcourir le canal neural sous la forme d'un filament étroit et effilé à son extrémité.

b. Le sillon (*scissure postérieure*) qui la parcourt tout le long de la ligne médiane.

c. Les *nerfs spinaux* qui en naissent.

α. Ils sont de chaque côté au nombre de dix.

β. Chacun d'eux naît par deux *racines*, une racine *antérieure* et une *postérieure*; ces racines se voient mieux sur les 7ᵉ, 8ᵉ et 9ᵉ nerfs où elles sont plus longues qu'ailleurs. Parfois la racine antérieure est double.

γ. La direction de leurs racines : elles vont directement à l'extérieur dans les premiers nerfs, elles sont obliques en arrière pour les 4e, 5e et 6e paires, et vont presque directement en arrière et cela dans l'intérieur du canal neural sur une longueur assez considérable pour les 7e, 8e, 9e et 10e.

δ. Le point où les racine nerveuses s'unissent pour former un nerf dans les trous intervertébraux.

4. Dessinez les parties mises à découvert du cerveau et de la moelle épinière.

Coupez les lobes olfactifs et soulevez l'extrémité antérieure du cerveau : retournez-le peu à peu, en coupant au fur et à mesure avec un scalpel bien affilé les nerfs que vous voyez en partir pour traverser les parois du crâne; comme ces nerfs sont pour la plupart très grêles, il est probable qu'on les arrachera sans les voir, mais, en tous cas, on ne peut manquer d'apercevoir les gros nerfs optiques : coupez court les racines nerveuses de la moelle épinière; enlevez-la en même temps que le cerveau et posez-la la face ventrale en l'air.

a. A la face inférieure, *base* du cerveau, on voit :

α. La *commissure optique* ou *chiasma* vis-à-vis de l'extrémité postérieure des hémisphères cérébraux, avec les *nerfs optiques* qui divergent de son extrémité antérieure et les *bandelettes optiques* qui y pénètrent en arrière.

6. En arrière de la commissure optique, entre les bandelettes optiques, se trouve une petite éminence, le *corps pituitaire*.

γ. Situées de chaque coté des deux organes mentionnés en dernier lieu, recouvertes en avant par les bandelettes optiques se trouvent les *crura cerebri*.

b. Divisez les hémisphères cérébraux par un trait de scalpel horizontal; dans chacun d'eux on trouve une cavité, le *ventricule latéral*. Chaque ventricule latéral communique avec le troisième ventricule. Les lobes optiques, coupés de la même façon, paraissent recouvrir une cavité qui communique en avant avec le troisième ventricule et en arrière avec le quatrième.

c. La *moelle épinière*.

α. La *fissure antérieure* tout le long de sa face ventrale.

6. Sa forme : presque cylindrique, plus large dans le sens antéro-postérieur (surtout vis-à-vis de la seconde paire de nerfs rachidiens) que dans l'autre sens.

γ. Inclusez-la dans la paraffine et débitez-la en tranches minces. Montez les préparations dans la glycérine et examinez-les avec l'objectif n° 1. Remarquez la portion périphérique (*substance blanche*) qui diffère par sa couleur de la partie centrale (*substance grise*); au centre, le canal (*canal central*) qui parcourt la moelle suivant son axe.

5. Remettez la grenouille sur le dos, ouvrez la cavité abdominale et enlevez tout le tube digestif depuis l'œsophage jusqu'au rectum, en même temps que le foie, les reins et les organes génitaux.

6. Le plexus sciatique.

a. Ce plexus apparaît maintenant sous la forme d'une quantité de gros cordons nerveux situés à droite et à gauche de l'aorte dorsale; notez les communications qui existent entre les divers cordons du même côté.

b. Suivez en bas un des deux plexus : il se termine inférieurement par un gros trou qui se continue avec le nerf sciatique.

c. Remontez jusqu'à la colonne vertébrale le trajet des troncs nerveux qui forment le plexus.

Ils se continuent avec les 7ᵉ, 8ᵉ et 9ᵉ nerfs spinaux.

7. En avant du plexus sciatique et reposant sur les muscles qui limitent en arrière la cavité abdominale, on trouve trois muscles qui vont obliquement de chaque côté en bas et en arrière ; ils se continuent avec les 4ᵉ, 5ᵉ et 6ᵉ racines spinales.

8. Quelques nerfs du cou.

a. Enfoncez dans l'œsophage un morceau de tube en verre pour le distendre, et enlevez ensuite avec précaution le muscle mylohyoïdien (B. 6, *a*).

b. Découvrez d'un côté la corne postérieure de l'os hyoïde : un muscle s'y attache et de là se rend à la région occipitale du crâne (*muscle pétrohyoïdien*). Le long du bord postérieur de ce muscle passe le *nerf pneumogastrique;* suivez ses ramifications jusqu'au cœur.

c. Sur le muscle pétrohyoïdien et en avant du pneumogastrique, dont il naît, se trouve le *nerf laryngé.*

d. Un peu en avant du nerf laryngé, on aperçoit le *nerf glossopharyngien*, qui monte vers la partie antérieure de la mandibule.

e. Plus superficiel que le glossopharyngien, mais avec la même direction générale, on trouve le *nerf hypoglosse* (B. 6. *a*).

9. Le nerf brachial.

Mettez-le à découvert dans l'aisselle et remontez

son trajet jusqu'à la moelle épinière : il est formé par la réunion du second et du troisième nerf spinal.

10. Le système du grand sympathique.

a. Soulevez l'aorte avec précaution : de chaque côté de cette artère vous trouverez le *tronc principal du sympathique*. C'est un nerf grêle, qui présente de temps en temps des dilatations (*ganglions*) sur son parcours.

b. Notez les anastomoses qui existent entre les ganglions et les nerfs ou plexus sciatique.

c. Disséquez avec soin cette chaîne ganglionnaire dans toute son étendue : elle est formée de dix ganglions, d'où partent des branches anastomotiques qui se rendent à d'autres nerfs (*nerfs spinaux*).

H. LES ORGANES DES SENS SPÉCIAUX.

L'examen complet de ces organes, surtout en ce qui concerne leur histologie, est difficile et nécessite l'emploi de manipulations délicates qui sortent du cadre de cet ouvrage. Ici on s'est appliqué surtout à l'étude des points dont l'examen ne nécessite pas l'emploi du microscope. Un bref aperçu de la structure microscopique de la rétine se trouve pourtant ci-dessous (voy. **J. h.**)

a. L'œil.

1. Prenez une grenouille en bon état et examinez son œil. A l'état normal il proémine beaucoup au-dessus de la surface de la tête, mais à peine est-il touché qu'il se rétracte dans une sorte d'orbite. En ouvrant la bouche de l'animal on aperçoit à sa voûte une sorte de bosselure causée par le globe de l'œil, qui devient plus prononcée si l'œil est rétracté.

a. Touchez légèrement l'œil et observez la façon dont il se ferme par le relèvement de la paupière infé-rieure transparente. La paupière supérieure est très petite et se meut difficilement.

b. Lorsque l'œil est ouvert, observez toutes les parties exposées à la vue.

α. La *cornée transparente* qui couvre toute sa surface visible.

β. A travers la cornée on voit l'*iris*, coloré par un pigment brun ou doré. Ce dernier forme un anneau très brillant autour du bord interne de l'iris. Le bord inférieur de cet anneau s'interrompt sur un point; là le pigment jaune est absent, et de cette solution de continuité une ligne noire peu marquée peut être suivie vers le bas à travers le reste de la partie inférieure de l'iris.

γ. L'ouverture elliptique ou *pupille* de l'iris a

son grand axe dirigé dans le sens antéro-postérieur.

2. Tuez la grenouille (par le chloroforme ou par
destruction de la moelle) et disséquez avec précaution toutes les parties qui entourent le globe
de l'œil, en enlevant avec le reste la partie de l'os
maxillaire supérieur qui limite inférieurement la
cavité de l'*orbite*.

α. Quand le globe de l'œil est débarrassé des
tissus qui l'environnent, notez les petits muscles
qui s'insèrent sur lui.

β. A la face postérieure de l'œil on trouve le nerf
optique qui y pénètre.

3. Coupez le nerf optique, et après avoir ainsi
détaché l'œil de la tête, fixez-le sur une plaque de
liège plombée, la surface cornéenne en dessous.

a. Remarquez le revêtement opaque (*sclérotique*)
avec lequel se continue le bord de la cornée, et
qui forme sur les côtés et en arrière l'enveloppe
extérieure du globe de l'œil. Sur quelques points,
la sclérotique est à demi transparente et laisse
apercevoir plus ou moins distinctement la membrane choroïdienne pigmentée.

b. Ponctionnez la cornée avec la pointe d'un
scalpel effilé, en prenant bien garde de blesser

l'iris. Voyez en sourdre l'*humeur aqueuse* transparente en même temps que la cornée s'affaisse.

c. Saisissez avec des pinces fines le bord coupé de la cornée, et, avec des ciseaux fins, coupez soigneusement la cornée tout le long de sa ligne de jonction avec la sclérotique. La surface antérieure convexe du *cristallin* apparaît maintenant. Elle fait hernie à travers l'ouverture de la pupille.

d. Placez maintenant la plaque de liège dans un vase de forme et grandeur convenables et versez dans cette *cuvette à dissection* assez d'eau pour recouvrir l'œil. Maintenant, coupez l'iris avec des ciseaux fins et mettez ainsi à découvert la surface antérieure du cristallin. Passez la pointe d'un scalpel sous le bord du cristallin; faites-le un peu sortir, et examinez-le.

α. Le cristallin de la grenouille est presque sphérique, mais son diamètre transversal est un plus considérable que son diamètre antéro-postérieur. Sa surface antérieure (celle qui fait hernie à travers la pupille) est également moins convexe que sa surface postérieure.

e. La cavité de la chambre postérieure de l'œil est maintenant mise à découvert. Elle est remplie d'une masse gélatineuse et transparente, l'*humeur vitrée*, que l'on peut voir en rejetant l'eau dans laquelle l'œil a été disséqué.

f. Le *rétine* tapisse la chambre postérieure de l'œil. L'action de l'eau l'a probablement rendue trouble ; à l'état normal elle est d'une transparence parfaite, et au travers d'elle on peut apercevoir la choroïde (3. *g*). Avec la pointe d'une aiguille à dissections microscopiques, séparez doucement la rétine de la membrane noire (choroïde) qui se trouve au-dessous d'elle. Cette opération est facile à exécuter sauf en un point (correspondant au *punctum cæcum* de notre œil à nous). En tournant le globe sens dessus dessous, on voit que ce point correspond au point d'émergence du nerf optique.

g. Maintenant la *choroïde* est mise à nu. C'est une membrane pigmentée, noire, de texture lâche, comme veloutée, laquelle peut être facilement séparée au moyen d'aiguilles de la sclérotique qui se trouve plus à l'extérieur.

b. L'oreille.

1. La grenouille n'a pas d'oreille externe, sa membrane tympanique, ainsi qu'on l'a dit plus haut (A. 2. **a.**), est à nu de chaque côté de la tête.

a. Notez la disposition de la membrane tympanique : elle est faiblement tendue sur un anneau osseux.

b. Disséquez la couche externe ou cutanée de la membrane du tympan. Au-dessous d'elle, vous trouvez une membrane transparente, formée par les couches fibreuse et muqueuse, qui possède une tache blanche opaque en son milieu.

c. Coupez ces couches de la membrane du tympan tout le long de leur bord ; vous avez ainsi découvert la cavité tympanique.

α. Le tympan de la grenouille est une cavité infundibuliforme dont l'extrémité la plus large est tournée vers l'extérieur. Les parois sont tapissées d'une muqueuse lisse légèrement pigmentée qui se continue avec celle de la bouche par l'intermédiaire de la trompe d'Eustache.

β. Sur la voûte de cette cavité, se trouve un bâtonnet, ossifié en son milieu, cartilagineux à chaque extrémité, qui est la *columelle de l'oreille*. La columelle s'insère, par son bout interne, à la partie supérieure et antérieure de la paroi interne du tympan, et, par son bout externe, à la couche moyenne de la membrane du tympan, dans la région de la tache opaque mentionnée plus haut (1. *b.*).

γ. Tout près de l'insertion interne de la columelle se trouve dans la paroi de la cavité tympanique une ouverture ovale relativement large;

c'est l'extrémité externe de la trompe d'Eustache, dont l'extrémité interne, on l'a déjà vu, se voit sur la partie postérieure de la voûte de la cavité buccale. Enfoncez une sonde par l'orifice que vous venez de mettre à découvert et ouvrez la bouche de la grenouill pour voir s on arrivée dans cette cavité.

2. *L'oreille interne*.

a. Séparez la columelle de l'oreille de son insertion interne. Vous découvrez ainsi un orifice où elle s'abouchait : c'est la *fenêtre ovale*.

b. Prenez des ciseaux et coupez les os latéraux du crâne suivant une ligne qui va de la fenêtre ovale à la « garde » du parasphénoïde (D. **c. 3.** *a*), la cavité de l'os prootique (D. **c. 1.** *d.*), que vous venez ainsi de découvrir, contient une partie de l'oreille interne.

c. La dissection de l'oreille interne de la grenouille est difficile, en raison de sa petitesse. Mais en enlevant avec précaution et pièce à pièce les parois cartilagineuses et osseuses de la capsule péri-otique, on met à nu les canaux semi-circulaires et l'on peut extraire le labyrinthe membraneux. Il faut le placer dans un verre de montre contenant de la solution salée ou de l'alcool, et en étudier la forme avec le microscope simple.

c. L'organe de l'olfaction.

1. Il consiste en deux chambres qui s'ouvrent à l'extérieur, près de l'extrémité du museau, par les *narines antérieures,* et en arrière dans la bouche juste en arrière des dents vomériennes par les *narines postérieures*. Observez ces ouvertures.

a. Prenez une grenouille conservée dans l'alcool et introduisez une des pointes d'une paire de ciseaux fins dans une des narines antérieures. Coupez la voûte de la cavité nasale. Vous mettez ainsi à découvert une chambre de forme presque triangulaire. Le sommet du triangle se trouve à la narine externe, la narine postérieure est à un autre angle etplus éloignée de la ligne médiane.

b. Les parois de cette cavité sont légèrement plissées et sur son plancher on remarque une éminence hémisphérique bien prononcée.

c. Ouvrez de la même façon l'autre fosse nasale. Remarquez la *cloison* qui se trouve entre les deux et qui les sépare complètement l'une de l'autre.

d. Ouvrez la cavité nasale d'une grenouille conservée dans le liquide de Müller, grattez doucement ses parois pour en détacher un peu d'épithélium; montez la préparation dans l'eau et examinez-la avec l'objectif le plus puissant dont vous pouvez disposer.

α. Au milieu de nombreuses cellules mutilées, vous en trouverez un certain nombre plus ou moins parfaites : il en est de deux sortes, savoir, de grandes cellules d'épithélium cylindriques (J. 1. *b*.), pourvues chacune d'un noyau, de prolongements périphériques non ramifiés et d'un prolongement ramifié plus considérable. D'autres cellules plus petites ont moins de protoplasma autour de leur noyau et des prolongements plus fins au centre et à la périphérie.

d. Les organes du goût.

1. La forme ainsi que la disposition présentées par la langue de la grenouille ont déjà été décrites (B. 11. *a*.).

Détachez un morceau de la muqueuse de la surface supérieure de la langue d'une grenouille récemment tuée, montez-le dans la solution saline normale, recouvrez-le d'une grosse goutte de liquide et placez sur la préparation une grande lamelle : examinez-la avec l'objectif n° 1.

α. Sur la surface de ce fragment et surtout sur ses bords vous apercevrez de nombreuses petites élévations : ce sont des *papilles;* quelques-unes d'entre elles (*papilles filiformes*) sont pointues à leur extrémité libre et d'autres (*papilles fongiformes*) sont aplaties. Notez les anses que les capillaires forment dans certaines de ces papilles.

6. Examinez à un fort grossissement un des plus minces parmi ces morceaux de muqueuse : les papilles paraissent être tapissées d'un épithélium, en général cilié (J. 1. *c*); cependant quelques

unes de ces papilles paraissent dépourvues de cils partout, sauf sur une bande étroite qui entoure leur sommet tronqué; c'est sur ces dernières papilles que se trouvent les *disques gustatifs*, et on a parfois la chance de voir, sur certaines préparations, des fibres nerveuses qui pénètrent dans ces disques.

J. POINTS LES PLUS IMPORTANTS DE L'HISTOLOGIE DE LA GRENOUILLE.

a. Épithélium.

1. Il est constitué par des cellules qui tapissent les surfaces libres du corps : l'épiderme qui recouvre la peau est un tissu analogue, et, à tous les orifices du corps, il se continue avec l'épithélium. Il y a plusieurs sortes d'épithéliums, savoir :

a. Epithélium plat (endothélium). Ouvrez l'abdomen d'une grenouille que vous venez de tuer, enlevez avec précaution les viscères et mettez à découvert la citerne lymphatique située dans la région dorsale de la cavité du corps. Coupez aussi délicatement que possible, sans tirer ni pousser, un morceau de sa mince paroi, faites tremper le fragment dans une solution de nitrate d'argent à 5/10 0/0 pendant environ trois minutes; puis, après l'avoir enlevé de la solution, lavez-le bien à l'eau distillée et enfin laissez-le, toujours dans l'eau distillée, exposé à la lumière solaire. Aussitôt que ce morceau de membrane pleuro-péritonéale aura pris une teinte brune bien marquée, montez-le dans la glycérine et examinez-le à un fort grossissement.

α. Il paraît recouvert des deux côtés par des cellules plates étroitement serrées les unes contre les autres, dont les contours sont colorés en noir par l'argent : suivant l'intensité avec laquelle la coloration s'est opérée, le noyau est visible ou non dans chaque cellule.

Çà et là, dans les préparations bien réussies, on voit des sortes d'anneaux formés par des cellules plus petites et d'une coloration plus foncée qui entourent de petites ouvertures (*stomates*).

b. Épithélium cylindrique. Grattez légèrement la surface interne de la membrane muqueuse de l'intestin d'une grenouille conservée dans le liquide de Müller; montez dans l'eau les fragments d'épithélium que vous avez détachés et examinez-les à un fort grossissement.

α. On voit de nombreuses cellules allongées, plates à une extrémité, presque pointues à l'autre. Chacune d'elles est pourvue d'un noyau ovale bien apparent.

6. On peut voir *in situ* ces cellules sur une coupe mince de la muqueuse durcie de l'estomac ou de l'intestin. Elles sont étroitement serrées les unes contre les autres et disposées sur une simple couche.

c. Épithélium cilié. Enlevez avec les ciseaux un fragment de la muqueuse de la langue d'une grenouille récemment tuée : montez ce fragment dans une solution de chlorure de sodium à 0,75 0/0, et en évitant toute compression, examinez la préparation à un très fort grossissement.

α. Remarquez l'ondulation apparente que produit le long du bord libre de ce morceau de muqueuse le mouvement rapide des cils; quand les cils commencent à mourir et que leurs mouvements se ralentissent, on peut les voir un à un.

6. Grattez légèrement avec un scalpel une de ces proéminences situées sur la voûte de la cavité buccale de la grenouille, au-dessous des yeux : montez dans la solution salée à 0,75 0/0 les produits de ce grattage et examinez une à une les cellules ciliées avec l'objectif n° 6. Notez leur forme arrondie, leur protoplasma granuleux, leur noyau et le groupe de cils qui se trouve à une de leurs extrémités. Colorez par l'iode.

b. Cartilage.

Disséquez avec soin le cartilage omosternal ou xiphisternal d'une grenouille que vous venez de tuer. Montez-le dans la solution de chlorure de sodium à 0,75 0/0 et examinez-le avec l'objectif n° 2 ou n° 6.

α. On voit de grandes cellules de cartilage, arrondies, enfouies dans une *substance fondamentale* anhiste ou plus finement granuleuse. Cette substance est plus réfringente aux environs de chaque cellule que partout ailleurs, ce qui donne naissance, autour de chacune d'elles, à une espèce de halo.

6. Dans chaque cellule se trouve un noyau rond granuleux et parfois même deux noyaux, qui contiennent des granulations moléculaires très réfringentes.

γ. Si la préparation est convenablement faite, chaque cellule remplit d'abord complètement la cavité creusée dans la substance fondamentale qui la contient, mais au bout d'un certain temps, ou si la préparation est traitée par l'eau distillée, les cellules se contractent et laissent ainsi entre leur surface et la surface de la cavité qui les contient une sorte d'anneau transparent.

c. Os.

a. Examinez une coupe transversale d'os toute préparée (par exemple, de la diaphyse de l'humérus ou du fémur), en vous servant de l'objectif n° 1. Pour voir les traits essentiels de la structure du tissu osseux, un os de mammifère est ce qu'il y a de mieux.

α. Les *canaux de Havers* : espaces ronds ou ovales qui se sont remplis de poussière quand on sciait l'os, et sont par conséquent noirs et opaques, mais d'autres fois se trouvent clairs et vides.

ϐ. Les *lamelles* : systèmes de couches concentriques qui entourent chaque canal de Havers.

γ. Les *lacunes* : taches noires ovales situées entre les lamelles.

δ. Les *canalicules* : petites lignes noires qui partent en rayonnant des lacunes.

ε. Outre les lamelles que nous venons de mentionner, il en est d'autres qui n'appartiennent point au système Haversien, mais qui comblent les intestices laissés entre ces systèmes, ou entourent l'os à sa partie extérieure.

b. Examinez la préparation avec l'objectif n° 6. Examinez plus en détail les lacunes et les canalicules.

c. Examinez dans l'eau ou la glycérine une

coupe mince transversale d'os long décalcifié par l'acide dilué.

α. Les *canaux de Havers* sont vides ou pleins d'une matière granuleuse.

6. Les *lamelles* sont très indistinctes.

γ. Les lacunes apparaissent sous la forme d'espaces ovales transparents.

δ. Les canalicules sont transparents ou presque invisibles.

d. Examinez des coupes d'os décalcifié colorées par le carmin : dans chaque lacune vous trouverez une masse protoplasmique colorée.

e. Examinez des coupes longitudinales du fémur ou de l'humérus : les *canaux de Havers* apparaissent comme des canaux dirigés dans le sens du grand axe de l'os, mais qui communiquent souvent ensemble par des anastomoses transversales. Les *lacunes* et les autres détails de structure sont aussi visibles que sur une section transversale.

d. Tissu conjonctif.

1. Il en est deux variétés principales, savoir :

a. Le tissu fibreux, blanc. Les tendons ne sont guère formés que de ce tissu, mais on le trouve aussi très abondamment distribué dans tout le corps, plus ou moins mélangé à d'autres tissus. Dissociez dans l'eau un morceau de tendon frais : examinez la préparation à un fort grossissement.

α. Ce tissu est principalement constitué par des fibres très fines, onduleuses, qui forment des faisceaux parallèles; elles ont un contour mal défini et ne se ramifient point.

6. Traitez la préparation par l'acide acétique dilué. Les fibres disparaissent pour la plupart, mais il en reste quelques-unes à contours très nets et entortillées (*fibres élastiques jaunes*). On trouve en outre quelques masses protoplasmiques allongées et granuleuses (*corpuscules de tissu conjonctif*).

b. *Tissu jaune élastique*. Il ne s'en rencontre pas chez la grenouille de grands amas à l'état isolé; mais, quoique mélangé au tissu fibreux blanc ou à d'autres tissus, il est très abondamment distribué.

α. Dissociez dans l'acide acétique quelques-unes de ces bribes de tissu conjonctif sous-jacentes à la peau de l'animal; examinez-les à un fort grossissement. On aperçoit de nombreuses fibres ramifiées, à contours bien nets. Ce sont des fibres élasques jaunes, l'acide acétique a détruit le tissu fibreux blanc.

e. Muscle strié.

a. Dissociez avec précaution un morceau de muscle conservé dans l'alcool, et examinez-le avec l'objectif n° 1.

α. Il est composé de fibres allongées, qui montrent une tendance à se résoudre en filaments plus fins (*fibrilles*).

b. Examinez la préparation à un fort grossissement.

α. Les bandes alternativement plus brillantes et plus foncées placées en travers du grand axe de la fibre (*striation transversale*).

6. La fine membrane anhiste (*sarcolemme*), qui enveloppe la fibre : aux endroits où la fibre est brisée ou tordue, elle apparaît comme un voile délicat.

γ. La tendance à se résoudre en fibrilles.

c. Dissociez un morceau de muscle frais dans la solution salée à 0,75 0/0.

α. Striation transversale des fibres : elle est moins nette que sur un muscle conservé dans l'alcool.

6. La fibre ne montre point de tendance à se résoudre en fibrilles.

γ. Le sarcolemme, qu'on peut voir au point où la continuité de son contenu est rompue par pression, torsion, etc.

δ. Traitez la préparation par l'acide acétique dilué : la striation devient confuse; on voit des noyaux ovales apparaître çà et là sur la fibre.

f. Fibres nerveuses.

Dissociez dans la solution de chlorure de sodium à 0,75 0/0 un morceau de nerf frais. Examinez-le à un fort grossissement.

a. Il est composé de fibres bien définies (*fibres nerveuses blanches*) mélangées à du tissu fibreux blanc (**d.** 1. *a*).

b. L'apparence que présentent les fibres nerveuses : chacune présente un double contour, indiqué de chaque côté par une ligne très réfringente.

c. La *structure des fibres nerveuses.*

α. La délicate membrane anhiste qui les entoure (*gaîne primitive*).

β. Le contour très réfringent (*gaîne médullaire*) en dedans de la gaine primitive.

γ. L'axe central homogène (*cylindre-axe*); sur les fibres brisées on le voit sortir de la gaine médullaire.

d. Traitez par le chloroforme un fragment de nerf frais après l'avoir dissocié : la gaine médullaire se dissoudra, et le cylindre-axe apparaîtra nettement.

g. Cellules nerveuses.

1. Prenez un ganglion sympathique sur une grenouille qui vient d'être tuée : dissociez-le dans la solution saline normale et examinez la préparation avec l'objectif n° 6.

α. Au milieu des cellules de pigment agglomérées autour du ganglion, on voit des cellules grandes, pâles, granuleuses, en assez grand nombre. Chacune d'elles est pourvue d'un noyau rond, brillant, très net, qui renferme un nucléole distinct.

β. Dissociez dans la glycérine le ganglion de Gasser de la tête d'une grenouille conservée dans le liquide de Müller ou l'acide chromique. On verra des cellules analogues à celles que nous venons de décrire.

γ. Examinez des coupes de la moelle épinière colorées par le carmin ou l'hématoxyline, et notez les grandes cellules nucléées et ramifiées de la substance grise, qui se trouvent surtout du côté ventral de la moelle.

h. La rétine.

1. On peut se procurer des rétines en état convenable de la façon suivante. On prend des yeux de grenouilles très frais, on en pique la cornée en deux ou trois points, et on met ces yeux séjourner

pendant trois ou quatre jours dans une solution d'acide chromique à 0,25 0/0. On les transporte ensuite dans l'alcool, où on les garde jusqu'au moment de s'en servir.

a. Coupez avec précaution un œil conservé de la façon que nous venons d'indiquer, et extrayez-en la rétine. Transportez-la sur une lame de verre, et, vous servant de votre rasoir comme d'un hachoir, divisez-la en un certain nombre de coupes minces. Déposez sur la préparation une goutte de glycérine, recouvrez d'une lamelle et examinez à un faible grossissement. Quelques-unes des coupes seront sans doute assez minces pour se prêter à l'examen microscopique.

⊦ *b.* Avec le grossissement faible on voit assez confusément que la rétine est composée d'un certain nombre de couches, dont les unes sont plus opaques que les autres.

c. L'examen à un grossissement plus fort permet de reconnaître les points suivants :

α. La *membrane limitante interne*, couche mince anhiste.

β. La *couche des fibres nerveuses*, mince et granuleuse.

Dans les rétines préparées comme on vient de dire, α et β ne se voient pas toujours très bien.

γ. La *couche des cellules nerveuses :* elle est constituée principalement par des cellules analogues à celles que nous avons décrites plus haut (**g**. I. α), mais plus petites que les cellules des ganglions sympathiques. On peut suivre, jusque dans la couche voisine, les prolongements ramifiés de ces cellules.

δ. La *couche moléculaire :* elle est plus épaisse que la précédente, et possède une apparence finement granuleuse : on y voit fort bien les fibres de Müller (**h**. 1. ι.) qui la traversent.

ε. La *couche granuleuse interne :* c'est cette couche qui, sur une coupe, paraît la plus transparente de toutes. Cela tient à ce que ses éléments sont moins étroitement unis que ceux des autres couches. Elle est constituée par un grand nombre de noyaux (granuleux sur les préparations à l'acide chromique) qu'environne une très faible masse protoplasmique, et par des fibres déliées, dont certaines peuvent être suivies jusqu'aux noyaux ou granules.

ζ. La *membrane fenêtrée.* Couche mince, confuse, où l'on ne voit point d'éléments anatomiques distincts.

η. La *couche granuleuse externe.* Elle est beaucoup plus mince que la couche granuleuse interne et ses éléments sont plus pressés. Elle est composée de fibres distinctes (*bâtonnets et cônes*) dont chacune se dilate et présente, dans la dilatation même, un noyau (la *granulation*).

θ. La *membrane limitante externe*. Couche homogène, mince, analogue à α.

ι. Les *fibres de Müller*. Ce sont des fibres très réfringentes que l'on peut suivre facilement depuis la membrane limitante interne jusqu'à la membrane fenêtrée. Elles traversent probablement cette dernière et vont jusqu'à la membrane limitante externe, mais il est difficile de suivre leur trajet à travers la couche granuleuse interne.

κ. La *couche des cônes et des bâtonnets*. Ce qu'il est essentiel de noter, ce sont les *bâtonnets* volumineux, qui se sont tordus pour la plupart sous l'influence du traitement qu'on a fait subir à la rétine. Sur des préparations réussies, on peut voir que chaque bâtonnet est divisé par une ligne transversale en deux segments : segment interne et segment externe. Les cônes sont petits et en petit nombre. Les bâtonnets les cachent souvent tout à fait.

d. Prenez l'œil frais d'une grenouille ; ponctionnez la cornée et recueillez sur une lame de verre l'humeur vitrée qui s'en échappe. Ouvrez ensuite l'œil, et enlevez un fragment de rétine que vous dissocierez dans l'humeur aqueuse. Le montage de la préparation achevé, examinez-la à un fort grossissement.

α. On y voit de nombreux bâtonnets flottant dans le liquide. Ils sont pour la plupart brisés, mais certains d'entre eux sont intacts et montrent très bien la ligne de démarcation qui existe **entre** leurs deux segments. Ces deux segments **sont** d'abord homogènes, mais ils s'altèrent bientôt; le segment externe prend souvent une apparence de striation et montre une tendance à se diviser en fragments qui correspondent aux stries; peu à peu ces bâtonnets se désintègrent entièrement. Ils se tordent, puis se dissolvent... etc.

i. La peau.

1. Coupez un morceau de peau à la face postérieure de la cuisse d'une grenouille qui vient d'être tuée. Lavez-le dans l'eau et examinez-le à un faible grossissement; notez :

a. Les *cellules de pigment;* elles apparaissent comme des taches noires de forme irrégulière, de forme globuleuse ou plus ou moins ramifiée.

b. Les *orifices des glandes cutanées;* elles apparaissent comme des taches transparentes, rondes, quoiqu'en réalité elles aient la forme d'une étoile à trois branches : comptez-les.

2. Prenez un morceau de peau que vous aurez fait macérer pendant un jour ou deux d'abord dans une solution de bichromate de potasse, ensuite dans l'alcool. Pratiquez-y, après inclusion, des coupes perpendiculaires à la surface. Montez les préparations dans la glycérine, examinez-les à un faible grossissement; notez :

a. Les deux couches de la peau, *derme* et *épiderme;* la première est la plus épaisse. Remarquez dans le derme sa couche profonde constituée par du tissu connectif et sa couche superficielle granuleuse qui se trouve immédiatement au-dessous de l'épiderme.

b. Examinez à un fort grossissement.

α. On voit que l'*épiderme* est formé de cellules nombreuses et pressées les uns contre les autres, disposées sur plusieurs couches.

β. Les cellules épidermiques profondes sont granuleuses, nucléées, presque ovales avec leur grand axe perpendiculaire à la surface.

γ. Viennent ensuite plusieurs rangées de cellules, également granuleuses et nucléées, mais de plus en plus petites et de forme toujours plus arrondie à mesure qu'on approche de la surface.

δ. Les cellules des trois ou quatre couches les plus superficielles sont aplaties parallèlement à la surface de la peau, non granuleuses, et sans noyau apparent.

ε. On voit par-ci par-là une cellule pigmentaire au milieu des cellules épithéliales. Certaines de ces dernières même renferment quelques granulations pigmentaires.

ζ. Le *derme* : essentiellement formé par les tissus fibreux et élastiques; ses deux couches, glanduleuse et non glanduleuse.

η. Immédiatement au-dessous de l'épiderme se trouve une couche mince de tissu conjonctif renfermant plusieurs grandes cellules pigmentées, lesquelles forment une couche presque continue.

θ. Viennent ensuite un grand nombre de cavités arrondies ; les *glandes cutanées*, tapissées de grandes cellules incolores, légèrement granuleuses, nucléées. Vues de côté, elles paraissent cylindriques, et, vues par la base ou le sommet, elles semblent polygonales. Parfois on peut voir le conduit excréteur de la glande traverser l'épiderme. Entre ces glandes, on voit des faisceaux de tissu conjonctif qui supportent l'épiderme. Ils sont constitués surtout par des fibres disposées perpendiculairement à la surface de la peau.

ι. La couche profonde du derme est formée par des faisceaux de tissu conjonctif, qui sont pour la plupart parallèles à la surface de la peau.

j. Le rein.

1. Prenez un rein de grenouille qui ait macéré pendant huit jours dans une solution de bichromate de potasse, et ensuite pendant un jour ou deux dans l'alcool. Après inclusion, pratiquez-y des coupes parallèles à des surfaces planes, et montez ces coupes dans la glycérine.

a. Examinez-les à un grossissement faible.

α. Vous remarquerez que l'organe est constitué surtout par de nombreux *tubules* qui vont en s'entortillant dans tous les sens, ce qui fait qu'ils sont coupés, les uns en travers, les autres obliquement, d'autres dans le sens de la longueur. Il n'y a pas de distinction marquée entre les substances corticale et médullaire.

β. Les espaces transparents, arrondis, qui se trouvent çà et là; ce sont des coupes de glomérules dont les vaisseaux se sont détachés. Dans certains d'entre eux, on peut voir un amas granuleux.

b. Examinez les préparations à un fort grossissement.

α. L'épithélium qui tapisse les tubules est formé, dans les unes de cellules granuleuses et mal définies, dans les autres (ordinairement plus larges) de cellules claires et à contours très nets; les cellules des deux sortes sont nucléées.

21.

c. Examinez à un faible grossissement des coupes de reins injectés. Notez les bouquets vasculaires des glomérules.

k. Le testicule.

1. Faites durcir un testicule dans l'alcool, et après inclusion préalable, montez-en les coupes dans la glycérine.

a. Examen à un grossissement faible.

L'organe est composé principalement de tubes enroulés qui ont été coupés en sens divers.

b. Examen à un grossissement fort.

α. Notez l'épithélium qui tapisse ces tubes : il n'est pas le même aux différentes saisons de l'année (suivant qu'on l'examine avant ou après l'époque de la reproduction); d'ordinaire il est très granuleux et mal défini. Les cellules qui le composent sont disposées sur deux ou trois couches, et dans la saison des amours les cellules de la couche superficielle se transforment en spermatozoïdes, chaque cellule en produisant plusieurs. Ceux-ci sont disposés côte à côte, normalement à la lumière du tube qu'ils semblent ainsi tapisser.

c. Les *spermatozoïdes* (B. 10. *a*. γ).

l. L'ovaire.

C'est peu de temps après l'époque du frai que la

structure de cet organe s'étudie le mieux. Enlevez un des ovaires, mettez-le dans l'eau et faites-y une incision. On verra qu'il contient une cavité et l'on verra également de nombreuses protubérances arrondies de grandeur variable qui proéminent tant à l'intérieur de cette cavité qu'à la face externe de l'ovaire. Ce sont des œufs à divers degrés de développement et dont les plus grands ont été plus ou moins envahis par le pigment.

2. Dissociez dans la solution saline normale un morceau d'ovaire; recouvrez la préparation d'une lamelle et examinez-la à un grossissement faible.

a. Notez les œufs. Vous en voyez beaucoup de plus petits que ceux que vous avez vus tout à l'heure à l'œil nu. Ils apparaissent comme des masses granuleuses, de forme sphérique, avec une tache transparente au centre.

b. Examinez à un fort grossissement la portion de votre préparation qui renferme les plus jeunes et les plus transparents. Notez :

α. La mince membrane anhiste, *membrane vitelline*, qui entoure chacun d'eux.

β. La masse granuleuse (*vitellus*) qui forme la plus grande partie de l'œuf. Parfois elle semble formée d'une couche extérieure granuleuse et d'une portion centrale plus claire.

γ. La masse transparente centrale (*vésicule germinative*) enfouie au sein du vitellus. Elle contient un grand nombre de masses très réfringentes (*taches germinatives*).

K. PROPRIÉTÉS PHYSIOLOGIQUES DES MUSCLES ET DES NERFS.

Exposez une grenouille, sous une cloche, à l'influence des vapeurs de chloroforme. Deux ou trois gouttes de ce liquide suffisent. Prenez votre grenouille aussitôt qu'elle sera privée de sensibilité, ce qui aura sans doute lieu au bout de quelques secondes. Cherchez maintenant avec l'ongle la dépression située au-dessous de la peau à la face dorsale de la tête de l'animal. Cette dépression indique l'endroit où le crâne s'articule avec la colonne vertébrale. Elle se trouve sur une ligne qui unit les bords postérieurs des deux membranes tympaniques. Incisez en ce point la peau et les muscles jusqu'à ce que vous ayez ouvert le canal neural. Par cette ouverture, vous introduirez une forte aiguille dans le crâne d'abord et ensuite dans le canal neural. Ce mode de destruction de la moelle abolit complètement chez la grenouille la possibilité de toute sensation consciente, tout en permettant à la plupart de ses tissus de garder encore un certain temps leur vitalité.

a. Enlevez la peau d'un membre pour mettre les muscles à découvert. Faites passer à travers un de ces muscles un courant électrique intermittent (ou bien frappez-le vivement avec le manche d'un scalpel), immédiatement vous le voyez se contracter, en d'autres termes, *changer de forme d'une façon bien définie :* il devient *plus court* et *plus épais*, et, ce faisant, fait mouvoir les muscles sur lesquels il s'insère.

b. Mettez à nu avec beaucoup de précaution le nerf sciatique, en évitant de l'écraser ou de tirer dessus : coupez-le aussi haut que possible, et le saisissant avec les pinces tout près du bout coupé, posez-le sur les électrodes d'un courant induit. Il est probable qu'au moment où vous couperez le nerf, vous verrez se contracter les muscles du membre. Qu'il en soit ainsi ou non, toujours est-il qu'ils se contractent violemment au moment où le courant intermittent passe dans le nerf.

[Si l'on n'a pas à sa disposition un courant d'induction, un fil de cuivre décapé enroulé autour d'un morceau de zinc constitue un appareil dont on peut se servir pour stimuler un nerf, à condition de tenir les points de contact des deux métaux humectés avec de l'acide acétique dilué. En frappant violemment, ou en pinçant un nerf, on peut aussi l'exciter, mais il est vite tué par l'emploi de pareils procédés.]

Les expériences que nous venons de décrire montrent :

c. Que le muscle est *irritable* et *contractile :* que certains agents externes (*stimuli*) produisent en lui certains changements dont le résultat est une contraction musculaire.

d. Le nerf est *irritable :* certains agents externes produisent en lui certaines modifications, qui, dans ce cas particulier, se manifestent par la contraction des muscles auxquels le nerf se distribue.

e. Le nerf est doué de *conductibilité :* car bien qu'excité à une certaine distance du muscle, il lui transmet, à travers toute sa longueur, les modifications apportées en lui par le stimulus.

APPENDICE

Les divers réactifs, mèntionnés dans les pages précédentes, à l'article « Manipulation », se préparent comme il suit.

1. Acide acétique dilué.

Mélangez 1 centimètre cube d'acide acétique cristallisable avec 99 cent. cub. d'eau distillée.

2. Solution de bichromate d'ammoniaque.

Faites dissoudre dix grammes de bichromate d'ammoniaque cristallisé dans un litre d'eau distillée.

3. Solution de carmin.

Carmin........................	2 grammes.
Ammoniaque liquide concentrée....	4 cent. cubes
Eau distillée....................	48 —

Faites dissoudre le carmin dans le mélange d'ammoniaque et d'eau. Abandonnez-le dans une bouteille non bouchée jusqu'à ce que l'odeur d'ammoniaque ait presque entièrement disparu. Conservez ensuite la solution dans une bouteille bien bouchée. Quand on veut s'en servir, on en dilue une petite quantité dans 15 à 20 fois son volume d'eau distillée.

4. Solution d'acide chromique.

Faites dissoudre 10 grammes d'acide chromique cristallisé dans un litre d'eau. On a ainsi une solution au centième, au moyen de laquelle on peut en préparer de plus faibles si besoin est.

5. Solution d'hématoxyline.

a. Faites dissoudre jusqu'à saturation du chlorure de calcium cristallisé dans l'alcool à **70 0/0.** Ajoutez ensuite de l'alun jusqu'à saturation.

b. Préparez une solution saturée d'alun dans l'alcool à 70 0/0. Ajoutez 1 vol. de *a* à 8 de *b.*

c. Au mélange de *a.* et de *b.* ajoutez quelques gouttes d'une solution saturée d'hématoxyline pure dans l'alcool absolu. Filtrez.

6. Solution d'iode.

Préparez une solution saturée d'iodure de potassium dans l'eau distillée; saturez cette solution par l'iode. Filtrez et diluez votre liqueur jusqu'à ce qu'elle présente la coloration brune du vin de Xérès.

7. Solution d'aniline.

Faites dissoudre 1 décigramme d'aniline cristallisée (roséine) dans 160 cent. cub. d'eau distillée : ajoutez-y 1 cent. cub. d'alcool absolu. Conservez la liqueur dans une bouteille bien bouchée.

8. Solution de Mayer.

(Voy. la note de la p. 13).

9. Liquide de Müller.

Bichromate de potasse........	25 grammes.
Sulfate de soude.............	10 —
Eau distillée.................	1 litre.

10. Solution d'acide osmique.

La meilleure solution est à 1 pour cent.

11. Paraffine.

Mélangez ensemble, à chaud, une partie de paraffine solide (la paraffine à bougie fera l'affaire) avec une partie de paraffine liquide et une partie de saindoux. Un mélange dans ces proportions donnera, une fois refroidi, une masse de la consistance requise dans la généralité des cas.

Pour inclure un objet, pratiquez un creux dans un morceau de paraffine, mettez dans ce creux l'objet dont vous aurez grand soin de dessécher la surface, et comblez la cavité avec de la paraffine fondue.

12. Liquide de Pasteur.

Voy. la note de la p. 10.

13. Solution de potasse caustique.

Faites dissoudre 5 grammes de potasse caustique dans 100 centimètres cubes d'eau.

14. Liquide de Schultze.

Faites dissoudre du zinc dans l'acide chlorhydrique; faites ensuite évaporer la solution, toujours en présence de zinc métallique en excès, jusqu'à ce qu'elle ait pris une consistence sirupeuse. Saturez cette liqueur sirupeuse par l'iodure de potassium, et alors ajoutez-y suffisamment d'iode pour qu'elle prenne une teinte brun-foncé. L'objet que vous voudrez colorer devra être mis dans un peu d'eau, à laquelle vous ajouterez un peu de la solution mentionnée plus haut.

15. Solution de nitrate d'argent.

Faites dissoudre 0,5 grammes de nitrate d'argent dans 100 centimètres cubes d'eau distillée et conservez la solution dans une bouteille opaque bien bouchée.

16. Solution de chlorure de sodium. (Solution saline normale.)

Faites dissoudre 7 grammes 5 décigrammes de sel marin dans 1 litre d'eau distillée.

FIN

COULOMMIERS. -- Typ. PAUL BRODARD et Cⁱᵉ.